U0641544

对话稻盛和夫（二）

德与正义

［日］稻盛和夫
［日］中坊公平 著
喻海翔 译

東方出版社
人民东方出版传媒

图书在版编目（CIP）数据

德与正义／（日）中坊公平，（日）稻盛和夫 著；喻海翔 译. —北京：东方出版社，2012.11
（对话稻盛和夫）
ISBN 978-7-5060-5592-5

Ⅰ.①德… Ⅱ.①中… ②稻… ③喻… Ⅲ.①人生哲学-通俗读物 Ⅳ.①B821-49

中国版本图书馆 CIP 数据核字（2012）第 257566 号

对话稻盛和夫：德与正义
（DUIHUA DAOSHENGHEFU：DE YU ZHENGYI）

作　　者：［日］中坊公平　［日］稻盛和夫
译　　者：喻海翔
责任编辑：黄晓玉　张军平　杨　芳
出　　版：东方出版社
发　　行：人民东方出版传媒有限公司
地　　址：北京市东城区朝阳门内大街 166 号
邮政编码：100706
印　　刷：北京智力达印刷有限公司
版　　次：2013 年 3 月第 1 版
印　　次：2013 年 3 月第 2 次印刷
印　　数：8 001—30 000 册
开　　本：880 毫米×1230 毫米　1/32
印　　张：7.25
字　　数：118 千字
书　　号：ISBN 978-7-5060-5592-5
定　　价：35.00 元
发行电话：（010）65210056　65210057　65210061

在道德和伦理匮乏的日本社会，如何才能够不被眼前的成功和欲望所俘虏，选择一条正确的人生道路，从而获得真正的幸福？

稻盛和夫

1932 年出生于日本鹿儿岛县。1955 年毕业于鹿儿岛大学工学部。1959 年创办京都陶瓷株式会社（现在的京瓷公司），历任总裁，董事长。1997 年起任京瓷名誉会长。1984 年创办第二电电（现名 KDDI，目前在日本为仅次于 NTT 的第二大通信公司），担任董事长一职，2001 年起就任最高顾问。2010 年 2 月接受日本政府的邀请，出任处于破产重建中的日本航空（JAL）公司的会长，2012 年成为董事名誉会长。日本四大“经营之圣”之一。事业成功之余，稻盛和夫在 1984 年创立“稻盛财团”，同年创设“京都赏”，以表彰对人类社会发展做出卓越贡献的人士。同时，他还是为年轻企业家开办的经营研修学校“盛和塾”的塾长，为后辈的培养倾注了心血。主要著作有：《活法》、《活法贰：超级“企业人”的活法》、《活法叁：寻找你自己的人生王道》、《活法肆：开始你的明心之路》、《活法伍：成功与失败的法则》、《创造高收益壹》、《创造高收益贰：活用人才》、《创造高收益叁：实践经营问答》、《稻盛和夫的实学：阿米巴经营的基础》等。

中坊公平

1929 年出生于日本京都。毕业于京都大学法学部。1957 年开始从事律师职业。1970 年成为大阪律师协会二战后最年轻的副会长。1973 年担任森永毒奶粉事件受害者律师团团长，千日公寓火灾案租借方律师团团长。1985 年出任丰田商事破产财产监管人一职。1990–1992 年期间担任日本律师联合会会长。1996 年就任住宅金融债权管理机构社长，为回收不良债权做出了重要贡献，1999 年这家机构与整理回收银行合并后成立了新的整理回收机构后，继续担任社长一职。

目录

序

超越“磨炼”

稻盛和夫

“愣头青”与“上流家庭子弟”的交集

1997 年的年末，在某报社主办的对话活动中，我有幸与中坊公平先生促膝而谈。此后又经过几次交谈，我们彼此都能敞开胸襟畅所欲言。而本次的对话是在 PHP 研究所的撮合下进行的。“身处业已颓废的日本社会，很多人都在担心日本的未来，让我们就日本社会及日本人的应有姿态谈一谈吧”，我们一拍即合，开始了这次对话。

虽然漫长的七十年间我们的人生历程完全不同，但想法却大体相似。这不得不让我感到惊讶。

我出生在鹿儿岛一个不起眼儿的印刷店中。小时候是一个坏孩子王，从早到晚只知道嬉戏打闹。而且家境贫困、患过重病、还经历了多次的考试失败。所以无论从哪方面来看，青少年时代的我都算不上幸运。

而中坊先生则生于京都的富裕家庭。不仅有专车接送，还有专门的驾驶员。从小就被视为掌上明珠，可以说是一位连打架都没经历过的上流家庭子弟。在这种家庭中生活甚至不需要自己系鞋带，他就是在这种富裕丰盈的环境下成长起来的。

让我感到惊奇的是，成长环境有着天壤之别的两个人在谈论有关“如何把握现在的日本社会”、“日本人现在需要做的有哪些”、“人类究竟该如何生存”等问题时，却能以同样的视角，得出同样的结论。原因何在呢?

事实上，中坊先生曾经历过学生强制劳动（指中日战争后，为填补日本国内劳动力的不足，强迫学生或学徒在工厂中工作的事件。——译者注），吃了很多辛苦。我认为，正是这次磨炼使得生活在蜜罐里的富家少爷的生活出现了转机。可以想象，强制劳动是中坊先生从小到大所经历的第一次磨炼，而他却能够勇敢面对，克服困难，使自己的品性得到显著的提高。从那以后，中坊先生以这些经历为基础，不仅成为了一名优秀的律师，而且还担任过日本律师协会的会长。即便如此，中坊先生却从未懈怠。

如前面所述，我的人生并非一帆风顺，遭受过许多“磨难”。但是，至少我在遭受“磨难”时并未选择逃避，而是拼命地克服了它们。通过这些经历所积累的独特的人生经验，正是值得我骄傲的地方。

对于人生中所遭遇的各种“磨难”，我们都能够勇敢面对。这种姿态的背后有着相同的思想和哲学，也就是说，无论是人生观还是世界观都有着相同的基础。

苦难和成功都是“磨炼”

我认为，人的成长离不开“磨炼”。

人在面对“磨炼”时，是选择被打败、妥协，还是选择克服困难、更加努力？如何选择决定着人是否能够成长。

并且，“磨炼”不单指经受苦难，也包括耀眼的成功。比如，事业上取得成功，进而收获了地位和名声。这也是自然界给予我们的严酷的“磨炼”。

获得成功后的结果有两种：一种是贪图地位，醉于名声，沉溺于金钱，不再努力，这时候的人往往在瞬间就会堕落；另一种是以成功为基础确立更高的目标，谦虚并继续努力，这种人往往会取得更加耀眼的成功。

也就是说，七十余年的风雨人生造就了两个思考方式酷似的人。我和中坊先生，即使在成长经历及事业领域上有着明显的不同，但在克服人生道路上的困难方面却有着相同的基础，所以才会产生许多共鸣吧。

本书所记录的正是这样的我们推心置腹的交谈，不仅分析了现代日本社会所面临的“磨炼”的根本来源，而且对社会的颓废之态表示了担忧。从物质和精神两方面，对什么是富有幸福的社会进行了探讨。如果这些对话能为各位有心之人指明方向，那真是万幸之事。

最后，向为本书出版付出巨大努力和辛劳的 PHP 研究所副社长江口克彦先生，为本书编辑付出辛苦的 PHP 研究所第一出版局局长安藤卓先生，以及促成本次对话的 PHP 研究所《Voice》杂志副总编中泽直树先生，再次表示深深的感谢。

第一章

道德与伦理缺失的社会悲剧

稻盛和夫：
日本人颓废的精神催生出了各行各业的丑闻

现在，日本社会不断呈现出各种各样的问题。尤其是纪律与规则、道义与道德这些东西基本上已经从日本社会中消失。近来发生的那些年轻人恶性案件，以及官员和政治家们的各种丑闻，更是令人对社会现状深感焦虑。

我希望通过这一次与中坊先生的对话，就当代日本社会的病因，以及如何构建一个更加健康的、正确的社会展开讨论。首先就让我们从与中坊先生本职工作相关的法律问题——为什么警界会出现纪律涣散的现象谈起。

警察本应该是民众绝对信赖的“正义使者”。然而，近年来日本警界却丑闻频发，导致日本警察的社会信赖感和权威发生动摇。之所以出现这种状况，首先请允许我阐述一下自己的观点，然后再请中坊先生从专业角度进行详细的解读。

我认为警界出现的纪律涣散现象与官员和政治家的丑闻，以及企业界的各类不正常现象，在本质上都是相通的。

回首历史，日本在昭和二十年（1945 年），由于战争的失败几乎到了彻底毁灭的境地，即便在那种状况下，战争中幸存下来的人们依然能够依靠明确的目标和强烈的使命感投入到战后复兴的建设中。

正是由于他们的努力，经过四分之一个世纪，到了昭和四十四年（1969 年）时，日本已经成为世界第二的经济大国。从战后的废墟上起步，经过勤奋努力，日本经济取得了飞跃性的发展，这是足以超越号称“世界奇迹”的德国战后复兴的壮举。

现在，日本向全世界提供各类优质产品，经济规模约占世界 GDP 总额的 15%，仅次于美国，美国占 25%。日本对世界经济发挥着不可或缺的作用。

日本之所以能够奇迹般地实现战后复兴，我认为主要得益于日本人强烈的目标意识。在二战后的贫困状况中，能够胸怀危机感，将发展经济、实现富裕作为重要目标，并为之付出不懈的努力。最终成功地实现了最初的目标，并先后两次战胜了石油危机。

就在日本经济显著增长时，作为日本学习对象的美国的经济却从 80 年代开始明显下滑，这使日本人松了口气，产生了“日本已经实现伟大经济复兴”的满足感。这种满足感进一步转变成傲慢，从而导致了日本的泡沫经济。

从20世纪80年代中期到末期，日本的房地产价格和股票价格异常高涨，整个社会的资产迅速膨胀，甚至有人认为凭借整个日本的地价能够买下数个美国。

事实确实如此，东京中小企业的老板们，只需卖掉公司的500坪土地（约1 700平方米——译者注）便能在美国的大城市买上一大片土地，所以他们中的不少人放弃了世世代代继承下来的事业，将自己的资产整理出售，用换得的资金在美国购买高楼大厦，摇身一变成了不动产商。

那时候的日本人已经失去了目标，不再有紧迫感，更不要说进取心了。

此前，日本人所拥有的进取心或许主要来自于对物质欲望的追求。勤奋与努力不仅能够满足我们的物质欲望，而且还能促进我们的精神成长。就像那些通过不断努力获得一技之长的人，他们也能够产生自己的独特见解。在那些身怀精湛技艺的木匠中，不少人的理念和言谈比那些只具备泛泛知识的知识分子更能打动人心。当我们把整个身心都投入到工作中时，我们的精神世界同样也会提升。

以前的日本人都拥有进取心和克己心，随着日本经济迅速发展，日本人变得贪图享受，沉湎于风花雪月，最终导致了这些精神要素的丧失。

我们再回到警察这个话题，在二战刚刚结束时，日本的治安状况非常糟糕，警察们能够兢兢业业地履行职责，随着社会逐渐富裕，治安状况日益趋稳，他们却开始变质。我们可以想象一下，警察们每天都照常上班，可是由于缺乏目标，渐渐的他们开始迷失方向，忘记了警察本来的职责。随着社会治安的改善，警察的工作强度在不断降低，如果他们有积极主动的态度，当然不会找不到事情做，倘若缺乏主动意识，自然会成天无所事事了。此外，上级机构也不再像以前那样对新警察进行严格的教育和培训，使他们得到锻炼。正是这种情形日积月累，才导致“小人闲居为不善”现象的发生。

在政府机构和企业当中同样不能避免此类情形的发生。当所有人都无所事事、养尊处优，渐渐的他们就会陷入物质欲望中。所有人都缺乏人生目标，失去了“提升自我”的进取心，如此一来，日本人的精神世界完全处于颓废堕落的状态，最终导致当前各种各样怪异事件频繁发生。

中坊公平：
警界丑闻反映出日本人内心价值判断标准的丧失

如稻盛先生所指出的，当今日本各种腐败现象四处滋生蔓延，连警界都不能幸免。我曾作为警察改革会议的成员，于2000年2月至7月期间参与了警察系统改革方案的研讨。对于近来一连串警界丑闻发生的原因，所有与会成员得出了一致结论，那就是“权力腐败”。警察拥有极大的权力，使他们具备了产生腐败的条件。

在会议的最后，我们得出一致结论：解决警察腐败问题的关键在于“必须引入民主机制”。这个结论对企业界和政界同样适用。因此，我们必须加大力度推动信息公开。尽管当今社会在朝着信息公开的方向前进，但由于警察、国防以及外交工作性质特殊，使得现有信息公开制度对这些部门只能网开一面，这进一步助长了警界的腐败现象。

日本自古以来的“和为贵”的价值观现在却产生了负面效应。因为注重“和”，所以我们必须重视内部成员间的关系，这就使得警界内部无视自身职责，上级负责人极力掩盖下属的各种犯罪行径和丑闻。

根据警察系统改革方案，日本国家公安委员会被赋予监察方面的指导权。日本国家公安委员会原本是管理警察的机构，必须保持政治上的中立，并遵从民主原则。然而现在它却沦为成一个有名无实的“装饰品”。

根据日本警察法规定，国家公安委员会的一般事务由警察厅负责处理。这就意味着，国家公安委员会没有负责具体事务的专门人员，只有被任命为公安委员的成员，这些公安委员甚至连办公的地方都没有。

也就是说，虽然国家公安委员会制定了相关制度，但是却无法发挥相应的职能，从而难以对警界的腐败行为进行监管，警界也因此失去了自净能力。和军队的军衔制度一样，警界也有警衔制度，在这种组织结构下，腐败更容易蔓延，或许二战之前的日本军队也有这样的一面。在日本公务员队伍中，最容易发生腐败的就是警察系统了。

细加追究的话，还会发现更多的问题，但是导致所有这些问题的原因除了制度与组织的缺陷外，我感觉还有一点，那就是日本人的精神结构出现了问题。日本在经济高速增长过程中所滋生的腐败现象，使日本人失去了心灵依托和价值判断标准，我认为这才是最根本的问题之所在。

稻盛和夫：
“维护组织”的特性助长了腐败现象

对您的这个观点我也深有同感。随着社会日趋富足和安定，不管是日本普通民众还是警察全都失去了目标和理想。

二战结束后，在重建日本警察组织时，对“警察应尽的职责”曾经确立了明确目标。然而现在，这个组织却旧态重生，警察们对自己的职业和职责都不再拥有自豪感。

如果我们仔细观察就会发现，其他行业的日本人同样也不再拥有远大的目标。不管是学校还是家庭当中，都完全不会触及这些理念，很多日本人不要说使命感，甚至连理想都没有。

像这样，精神一旦陷入颓废状态，必然会产生“权力腐败”。尤其在等级意识强烈的警察组织内部，下级监督举报上级的情况极其罕见，这就导致警察组织最容易滋生腐败。警察组织作为一种内生型组织，它具有很强的排他性，会将所有警察组织以外的对象都视为敌人，以“维护自身组织”为名包庇内部成员，他们不仅意识不到自己做错了事情，甚至会认为他们的这种做法只是为了让组织免遭外敌的侵犯。

这种组织结构机理在中央政府的精英官僚中同样也能够看到。尽管他们内部存在各种各样的问题，但是却竭尽所能地对外掩盖，不让国民知道真相。当然，官僚组织内部常年积累下来的腐败现在终于一点一点被揭露出来，显露在民众面前。

总而言之，关于近来这些丑闻，我们如果追根溯源的话，必然会触及战后日本人精神颓废这个根本原因。

中坊公平：对高智商犯罪束手无策的日本警察

关于日本警察的问题，我想再更详细地谈一谈。日本警察现在确实已经失去了理想，之所以出现这种状况，其原因是：

二战结束后，日本社会的架构受到了冷战时期的影响。在此期间，日本警察的主要职责都在治安和防暴领域。研究一下历届日本警察厅长官的履历就会发现，他们大部分都是刑事警察出身，后来转到治安和防暴系统。也就是说，二战之后的日本警察组织大改造使得他们中的很多人都被配属到了防暴队。

作为警察，最主要的任务原本是预防、揭发和制裁犯罪，维护社会秩序。任何国家的警察，其主要力量都在这一领域。然而由于冷战时期的影响，日本警察的工作重心却集中到了治安和防暴这两块，也就是说，精英全都在治安和防暴部门，这使得日本警察机构的长官等高层干部都是治安与防暴专业出身，预防犯罪的职能则被放到次要位置。

人们往往会选择对自身有利的借口，而日本警察最喜欢挂在嘴边的就是“民事纠纷不介入原则”。这种说法当然有一定的道理，如果警察一一介入民事纠纷，必然会疲于奔命难以应对。然而日本的警察却滥用了“民事纠纷不介入原则”，不管发生任何事情都只会托辞：“那个案子属于民事纠纷，所以我们不能插手干预。”

例如，女性因为遭到男人的不法跟踪而感到人身危险，当向警察求助时，却遭到警方的拒绝，并被告知：“这是男女之间的纠纷，警察的原则是不介入民事纠纷”。甚至连现在的教科书都是如此表述的，这是一个非常严重的问题。

1996 年在我担任住宅金融债权管理机构（日本泡沫经济破灭后，为了处理银行在不动产金融方面的不良债权，由中央银行、日本银行和存款保险机构共同出资于1996年成立了住宅金融债权管理机构，主要负责对已破产的七家住宅金融专业公司的回收有望的债权处理。以下简称住管机构或者住专。——译者注）社长的时候，当时的日本警察厅长官是国松孝次，他因为在奥姆真理教事件中遭到奥姆真理教徒的枪击而广为人知。在此之前，在我兼任丰田商事事件（20世纪80年代发生于日本的、由丰田商事株式会社主导的一宗经济欺诈事件，案发后丰田商事宣告破产。——译者注）破产财产监管人时，国松孝次是日本警察厅搜查二科的科长，因为有过这样的缘分，我在就任住管机构社长职务后特地登门拜访过他，当时我俩就谈到了这个话题。

我对国松孝次长官说："你们警察对自己的工作以及自身应尽的职责究竟做没做过应有的思考？换句话说，正是因为你们缺少目标，所以才会在刑侦能力上存在明显的缺陷。当遇到狡猾的犯罪分子时，你们就打着"民事纠纷不介入原则"的幌子给自己找台阶。你们只需要在公共治安领域随便治理两下便能晋升，由于你们在防暴队里只是进行了体魄上的训练，并没有接受过任何头脑上的训练，因此才会在那些高智商犯罪面前束手无策。

为了处理住专问题（为了解决住专公司出现的大量不良

债权，日本政府决定动用政府资金解决‘住专问题’。这成了日本社会关注的焦点。——译者注），我们需要面对各种各样的不良债权人，见识到各种各样的犯罪行径，诸如伪造公证书、妨碍竞标等。受害者在遭遇这些犯罪行为时，即便向警方寻求帮助也得不到任何答复。在冷战时期，警察的主要职责就是维护社会秩序，然而那个时代早已结束，在‘住专问题’等犯罪行为不断涌现的情况下，警察却起不到任何作用，实在让人难以容忍。”

令我感到意外的是，国松长官对我的这番批评也是深有同感。

他对我说：“中坊先生指出了一个意义深远的问题。事实上我内心深处拥有与你完全一样的想法。像伪造公证书这样的事情，警察并不需要太多的专业知识就能侦办，我曾反复要求下属对此类案件进行侦办。”

说到这里他拿出侦办数据表给我看，并继续说道：“自我担任警察厅长官以来，这类案件的侦办数量一直都没能增加。”接下来他向我坦白道：“中坊先生，我也实在没有办法啊。现在所有的重大贪污案件全都由日本检察厅特搜部负责，他们的办案材料全部来自于日本国税厅。凡是民事方面的重大犯罪往往都能通过逃税漏税发现端倪，可是国税厅绝对不会将这些案件交给警察侦办，而是全部移交给检察厅特搜部。日本有总数达 25 万人的警察队伍，人数远远高于检察厅，即便如此，国税厅也不把案件交给警察系统。他们这样做正是因为警察缺少案件侦办能力，其实我本人对此也非常不甘心。”

这次谈话没过多久，国松长官给我打来电话，希望我能在当年秋天举行的日本公安委员联络协议会上把我之前的话再当众说一遍。对日本警察系统而言，这是一场非常重要的会议，不仅警视总监会来参加这个会议，警察机构的所有干部也都会出席会议。在那次公安委员联络协议会上，我用将近一个小时的时间，根据我的实际感受，向所有与会者阐述了自己的看法。

那是 1996 年，也是警界这一系列丑闻爆发仅仅数年前的事情，也就是说，国松长官早就怀有强烈的危机感。

在那次会议上，我对日本的警察系统进行了猛烈的抨击。会场是在东京皇宫酒店的一个大会议厅里，没想到当我发言完毕，由国松长官引导着准备退出会场时，会场里却响起了如雷般的掌声，回到酒店的休息室时，国松长官满脸都是苦涩的笑容。

虽然我说了那么多警察的“坏话”，但是他们却向我报以热烈的掌声，那些高管们和年轻警察们一起向我鼓掌致意，这既表明警察系统内部确实存在着严重问题，也表明他们对自身的问题开始有了正确的认识。正是因为有过这样的经历，我才会决定参加警察改革会议。但即便是现在，日本的警察对高智商犯罪依然力有未逮。

稻盛和夫：
日本人必须尽快树立新的使命感

这大概与日本警察的教育体制有着很大的关系。不管是多么优秀的人，在大学毕业进入警察队伍后，仅仅接受警察学校培训的话，是不足以对付那些高智商犯罪分子的。因此，警察队伍必须加强应对高智商犯罪分子的教育培训。

此外，那些作为精英被选拔进警察队伍管理层的干部们也同样令人担忧。在大学毕业后，仅仅通过高级公务员考试便轻轻松松当上警察署长的人很难产生使命感。在这种体制下，也就无法要求那些在精英官员手下工作的非精英们去努力学习充实自己，从而使得整个组织都缺乏紧张感。造成这种状况的根源也同样在于日本人整体精神的颓废。

在弥漫着整个社会的颓废风潮中，有一种观点引起了我的注意。这种观点认为，日本人的精神在战后存在着明显的缺陷。它不对日本人传统精神世界中的弱点进行反省，而是持全盘肯定的态度，并试图以此来帮助日本人找回自信。

这种论调的内容包括：摒弃美国强加给日本的宪法，重新制定日本自己的新宪法；不再由美国人负责日本的安全保障，建立一种拥有自主权的新安全保障体制。

然而，日本在宣称经济陷入萧条的同时，消费文化却又极度发达。在发展中国家眼中，日本简直是极尽奢华。这种繁荣持续下去的话，日本必然会像江户的元禄时代一样，不管是在社会风气、国民精神，还是法律秩序上都会变得更加颓废。为了抨击这种社会趋势，大概又会出现呼吁“日本人赶快觉醒”之类的极端言论。

我认为，日本人现在真正需要深思的并非这些，而是提升自身精神层次的有效方法。在已经实现了物质富足的今天，日本人应将重振精神作为下一步的目标，树立新的使命感。

那么，怎样的目标才能代表精神的富足呢？就像志愿者活动等慈善行为那样，能够体现宽容和关怀的思想与行为。也就是说，我们是否在朝着探索人类美丽心灵的方向前进。当前，我们正处于一个应该大力倡导精神复兴运动的时代。

现在，各行各业都接二连三地出现丑闻。如果我们只追究当事企业或者官员责任的话，并无助于问题的真正解决。单纯批评指责那些堕落者是一件非常容易的事情，而真正需要我们去做的是探寻日本人的精神规范出现大规模倒退的根源，并努力找出解决的办法。

中坊公平：
追求道德与发展经济并不矛盾

我对此也有着完全相同的感觉。当前日本面临的诸多问题中，最主要的就是长期的经济萧条导致整个社会失去了活力。想要解决这个问题，就需要利用新技术去发掘新的需求。

例如，可以把我们使用的能源转换为以太阳能和风力发电为代表的自然能源。通过不断开发这样的新技术，发掘和激发更有利于人类发展的新需求。

我认为国家经济失去活力与道德沦丧之间并非没有关系。道德这个词用日语来解释就是道义、规范、伦理。一般人往往认为这些概念与经济没有任何关系，事实却并非如此。

我之所以能够认识到这一点，还得感谢稻盛先生组织的盛和塾的学员们。我在京都经营着一家名叫御殿庄的旅馆，受惠于我与稻盛先生的交情，最近两年，盛和塾经常在我这家旅馆举办会议，每次会议我也会为盛和塾的学员们演讲。

盛和塾的学员基本上都是小企业的经营者，他们从事的大多是因过度竞争而整体状况低迷不振的行业。这些学员中，很多人是不止一次地来参加学习。

每次我仔细看这些学员的名片时，都会为他们担忧，他们的公司因经济萧条正面临着重重困难，在这种状况下，他们却还专程来参加盛和塾两天一夜的会议，共同探讨诸如道德与和谐这类话题，他们这种漫不经心的态度难道不会给自己的企业带来损害吗？

然而事实却是，这些企业经营者们不仅个个意气风发，而且各自的生意依然正常运转，这的确让我感到非常惊讶。

这令我联想到道德这个词。道德在法语中是“moral”，含有精神之力和志向之力的意思，而作为词源的拉丁语“moles”也同样具有精神之力的含义。也就是说，它们全都与“力量”有着一定的联系。

基于这个角度，可以说是清教才让资本主义得以繁荣昌盛。尽管清教最初是为了反对天主教才诞生的，但是它却奠定了资本主义社会的基础。因此，在谈论社会活力这个概念时，便不得不涉及宗教意识。在资本主义产生后才出现了无产阶级和市民社会等概念，并最终发展出了民主主义。

也就是说，如果只追求物质富裕，那么日本社会就会不断堕落下去。如果能像清教徒那样甘守清贫，愿意奉献他人，重视公共精神和道德，必然也能够促进和维持企业的兴旺发达。

虽然参加盛和塾的经营者们也同样宣称“一切为了客户的利益”、“要做一个有用的人”，但他们并不是口头上空谈，而是将其认真贯彻到了经营活动中，他们的这种姿态让我认识到：经济的活力并非与道德无关。正是道德为资本主义的产生和发展扫清了道路，因此我们现在必须回归到这个原点上来。

表面看来这两者之间似乎存在着极端的对立。人们常常认为“厉行节约”、“爱护财物”这些要求只会抑制需求，只有大手大脚地花钱才能够刺激经济、实现繁荣。就以日本江户时代为例，据说主推经济发展的田沼意次（江户时代中期的武士和大名，在田沼意次的改革下，江户幕府采取了重商主义的政策，史称“田沼时代”。——译者注）时期就比倡导节俭的水野忠邦（江户时代后期的大名、德川幕府重臣，在任期间推动天保改革，防止社会和经济的日益衰败。——译者注）时期更加繁荣。

倘若我们做更深层次的探究的话，却又会发现事实并非如此。每当重建社会大众的伦理道德观、催生新需求并推动社会复兴的时候，经济必然会朝着好的方向发展。日本战后的复兴就是这样一个例子，当时的人们虽然贫穷但目标明确，自然能够发挥出强大的精神力量，推动整个日本社会向前发展。

一旦忘记这个出发点，一味追求经济发展的话，就会导致像现在这样一个迷失时代的出现。如果再继续发展下去，政府大概就会为了保证需求而开始扩军备战甚至发动战争了。因此，我们现在有必要重归心灵的原点。

稻盛和夫：
现在的日本必须重新找回“道德与伦理”

现在盛和塾里确实有不少来自萧条行业的小企业家们在认真学习哲学和道德，并努力将其应用到实践中。在当前这种严酷的经营环境中，学习这些看上去与企业经营毫无关联的理论，说极端一点确实是不切实际。

在中坊先生看来，他们的这种做法显得有些不可思议，可我却认为在日本人的道德主干中原本就存在着“敬”和“耻”的意识。“敬”促使我们学习先人的智慧，对于上天和那些伟大的存在心怀敬畏，使我们常保谦虚。

如果我们不能知“耻”，就不配做一个合格的人。看一看最近那些丑闻里的政治家和企业家们，他们都不为自身的行为感到耻辱。这些道德存在着严重问题的人现在却占据着社会和国家的核心位置，这对日本而言，可以算得上是个耻辱。

除知“耻”外，“正义”同样也是人必须具备的重要品德，它和“仁”、“义”、“礼”等元素共同构成了道德的主干。

即使在商界里，这些要素同样是商业行为的重要基础，失礼就会丧失客户，不义就无法建立信誉，缺少正义感将得不到社会的认可。当我们丧失了正义感，不知“耻”、“礼”、“仁”时，必然会走上邪路，为了利益铤而走险，涉足那些反社会的商业行当。

因此，看上去与企业经营无关的道德，实际上正是商业行为的真正基础和最佳利器。在当前这种混沌时代，道德基础显得更加不可或缺。

回顾历史，我们便能从中认识到哲学对于经营活动的重要性。在江户时代中期，有一位名叫石田梅岩的思想家，石田梅岩曾经当过学徒，后来在京都开了一家私塾，用通俗易懂的语言向市井凡夫们传授为商之道。

在当时那种士农工商阶层壁垒森严的封建时代里，商人的社会地位最低，商业行为也最受社会歧视，在这种状况下，石田梅岩对这种现象提出了异议。

石田梅岩主张“不能通过邪门歪道来获取利润”、“真正的商人必须做到人我两利”，也就是说，他认为商业行为的极致就是要做到“让对方和自己都获利”。

石田梅岩还进一步指出:“经商获利是天经地义的，商人通过商业行为获取利润与武士获取俸禄的性质完全相同。商人经商不获利就如同武士不拿俸禄。”石田梅岩想以此激励那些受到世人轻蔑而感到自卑的商人们，“拿出自信，因为商业行为并不可耻，商人获取利润与武士获取俸禄在本质上没有任何区别”。

当时正逢日本商业资本主义的蓬勃发展期，石田梅岩讲述的“心学”在日本各地迅速传播开来，并成为日本人精神世界的重要支柱。然而当经济发展起来，日本人却忘记了为人的基本准则，不懂知足，陷入完全利己的状态之中。因此，日本社会必须重新找回那些失落的“道德和伦理”。

第二章

重建普世价值观

中坊公平：
仅仅依靠理论无法解释的关键性“存在”

谈到这里我又要提到稻盛先生您了。稻盛先生以前曾经在《日本经济新闻》的连载专栏《我的履历书》中（后出版了全文的单行本《愣头青的自传》，日本经济新闻出版社）写道，要珍惜与他人的缘分，对此我也深有同感。我觉得世上一定有某种凌驾于人类能力之上的，仅凭我们的力量绝对无法企及的“某种存在”。“敬天”的概念与我的这种感觉在道理上可以说是相通的。“敬天”这个概念想要表达的正是这样一种对绝对“存在”的感谢与敬畏。稻盛先生遇到过各种各样的困难险阻，比如当初是为了打破 NTT 对日本电信市场的垄断，您才会与 KDD 和丰田汽车共同组建日本第二大通信公司。依照常理判断，可以说这是一个非常离谱、毫无胜算的决策。我相信当年稻盛先生做这个决定的时候，也是没有胜算的。这个例子也说明了“神灵是真实的存在”。

在从事律师工作的过程中，我终于搞明白了一件事情，某种依靠世间理论无法解释的存在正是决定世间万事万物运行的关键。我们在法庭上的辩论是基于法律来做理论论证，这种论证只是一种理论诠释。而许多判决最后往往是由某种用理论无法解释却起关键性作用的“存在”来决定的，这些用理论无法解释的存在恰恰是我们无法预见的。

稻盛和夫：
毫无道理的捐赠税制度

我一生都以世间的普遍道理——“人间正道”作为自身的价值判断标准。我也曾经为世俗的各种矛盾和遭遇所困扰，但是我依然坚持人间正道，这种做法在其他人看来或许非常愚蠢，比如前阵子就曾经发生过这样的事情。

当时我要把手中京瓷公司的股票捐献给稻盛财团（由稻盛和夫创办的一家公益性非营利组织。——译者注），这时税务师告诉我，这样一笔针对公益法人的捐赠如果向国税厅提交申请并得到认可的话，根据日本的《租税特别措置法》第40条就可以享受免税待遇。我按照这个建议提交申请后，政府监管部门（以稻盛财团为例，需要同时受到日本文部科学省和经济产业省等不同政府部门的监管）对我捐赠大笔股份的做法却提出了以下质疑：

“你让稻盛财团持有京瓷股票的做法是不是为了让稻盛财团拥有京瓷的控制权，这是否才是你捐赠的目的?”

我完全是出于加强稻盛财团根基的愿望才做出这个决定，所以我回答他们，“根本就不是这样”。结果那些政府官员就建议我把这些股票处理掉，也就是将这些股票脱手换成现金，然后再作为营运资金捐赠给财团。

于是，稻盛财团理事会和评议委员会通过了出售我捐赠的京瓷股票的决议，并正式开始办理相关手续。没想到就在这当口，财团相关负责人接到了国税厅的来电询问：“你们手上的那些股票是否都卖掉了?”我们这边就回答道：“我们正准备要出售。”对方马上阻止道：“你们这种做法可是要出大问题的。”

对方向我们解释道：“你们收到的这笔捐赠都是股票，因此才享受免税待遇，如果你们把这些股票都卖掉，那就会被视为现金捐赠，向你们捐赠这些股票的稻盛和夫先生将因此被追征 26% 的税。”

如果是股票就可以免税，若把股票换成现金就必须缴纳税金，实在没有比这更愚蠢的规定了。当我们向国税厅表示异议时，他们却拿出国税厅的通告、税法第四十条补充说明内容以及法庭的判决先例等进行自辩。

假如由我自己卖掉这些股票，所需缴纳的税款仅仅只有1.05%，然而当我以股票的形式进行捐赠再做兑现时竟然却要缴纳高达26%的税金，这实在是毫无道理可言。

我得知详情后就直接找到国税厅，告诉他们“让国税厅长官亲自出来给我把事情说清楚”。结果出来接待我的不是什么国税厅长官，而只是一个科长级别的官员。“如果是这样，我要亲自去会一会这个科长”，我为此专程跑了一趟国税厅。

见到国税厅科长后我直截了当地指出，国税厅的这种做法完全有悖常理，“我明明是想为社会做贡献才向稻盛财团捐赠，然而对于这种善意你们却以法律规定为借口肆意践踏，这完全是不讲道理的做法。虽然纳税是公民的义务，征收税金也是国税厅的职责，但是国税厅不能向公民征收不合常理的税金”。

话虽如此，对方依然以各种各样的法律条文当盾牌来维护国税厅最初的决定。

双方实在是话不投机，于是我改变了主攻策略转而向那名科长问道：“那么你来告诉我究竟应该怎么办才好吧。如果你从一个公民的角度来思考，想必同样会认为这是一个不合理的规定，假如你同意我的看法，希望你能想出更好的解决办法来。”

我对中坊先生当年在处理丰田商事事件时抓住了国税厅的软肋这一事迹早有耳闻，国税厅自己想办法为您解决了问题，我的这种做法其实也是在效仿您。我临走时叮嘱国税厅那名科长:“希望你能想出办法，在不与法律相抵触的前提下帮我解决这个问题。我还会再来，希望到时候仍然能够得到你的关照。”这才让对方松了口气点头称是。接下来该怎么办，说实话我当时也没有确切的把握，但是对于那些不合常理的规矩，不管法律是如何规定的，也不管涉及哪个政府部门，我都要态度鲜明地向它们表示异议。

中坊公平：
让国税厅乖乖退还税金的“中坊流斗争法”

和国税厅的那次交涉发生在我任丰田商事破产财产监管人的时候。丰田商事通过欺诈行为，从老年客户那里骗取了2 000亿日元，而我作为丰田商事破产后的财产监管人，想要做的就是让这些受骗的老人尽可能多地拿回自己被骗的钱财。

可是当时丰田商事被扣押的资产值不了多少钱，于是我把目光移向了由丰田商事代扣代缴的个人所得税金上。

丰田商事当初是根据推销员骗取的钱财数额来支付一定比例的薪酬，这些员工又必须向税务局缴纳相应的个人所得税，当然这些收入全部都是欺诈所得。

丰田商事与推销员间虽然签有绩效奖励合同，但由于这是一个基于违法行为的合同，因此合同本身也是违法的，也就是说丰田商事的推销员所缴纳的税金并不符合所得税法规的要求，应该由我这个丰田商事的破产财产监管人进行扣押和管理。所以我就向国税厅提出，要求将这笔税款退还给我。最终我从国税厅那里成功要回了丰田商事代扣代缴的13亿日元所得税款。

在这个事情差不多解决的时候，日本国税厅总部负责直接税的直接税部部长与我共同召开了记者招待会。在记者招待会上，先由国税厅直接税部部长当众宣布“国税厅将把相应税金退还给丰田商事破产财产监管人中坊先生”，接下来再由我作相关发言。就在记者会开始之前，那位直接税部部长对坐在边上的我笑着说：

“中坊先生，您知不知道‘不速之客’这个说法？”

我回答他道：“这个词我还是知道的。”

“那么您知道吗？每当中坊先生来国税厅时，我们大家都会在背后偷偷抱怨‘那个不速之客又来了’。中坊先生大概会认为这一次您完全是依据自己的学识，对法律作出了相应的解释，在说服国税厅后最终拿到了这笔退还税款。估计等会儿在记者招待会上您也打算这么说吧。”

“当然是这样，国税厅承认了我的观点的合理性，才得以让这笔税金退还给我。”

“然而，事实并非如此。其实您对法律的那些条款也不是非常精通，您知道的基本上都是我们告诉您的。不过您知道为什么我们愿意告诉您那些对您有用的法律条款吗?”

事情的来龙去脉大致是这样的，最初当我到国税厅向他们提出“丰田商事与员工之间签署的是无效合同，因此国税厅应该退还那部分已经征收的员工所得税”时，国税厅的人根本就没把我的这个要求当成一回事，他们告诉我说：

“中坊先生，您似乎根本就不懂法律。就算是无效合同，丰田商事那些推销人员的收入全都是违法所得，我们国税厅依然会向他们征收所得税。不管是卖淫的收入，还是赌博的收入，只要一个人有了收入就得交一定比例的税。”

他们不光嘴上这么说，还很好心地找出一篇登载在《法学家》杂志上的一名东京大学教授的论文给我看，并表示

“您说的这些道理根本没用”。

但是我并没有因此打退堂鼓，仍然坚持国税厅官员们的说法是没有道理的。我要求国税厅退还已征缴的所得税的理由是：个人所得可以分为三大类，第一种是“工资所得”；第二种是“事业所得”；第三种则是“其他所得”。而公司代扣的只能是“工资所得”和“事业所得”这两项，对于“其他所得”公司并没有代扣所得税的义务。

丰田商事向国税厅缴纳的税金都是作为公司员工的工资所得而代扣的，由于丰田商事和其推销人员之间的合同是违法的，属于无效合同。如果双方合同无效，那么员工的收入就可以归类为“其他所得”。因此，丰田商事也就没有义务向日本国税厅缴纳这笔代扣所得税款。

基于这个判断，我针对丰田商事的每一名推销员，以“他们与丰田商事所签署的合同违反了社会道义，他们必须退还所有所得”为理由提起了诉讼并大获全胜，所以现在与这些收入相匹配的税金理应退还给我。

尽管最终结果是按照我的期待实现的，不过日本国税厅的直接税部部长却指出：“中坊先生您认为这些办法是自己想出来的，其实都是我们这些人给您提供的思路。您知道为什么国税厅的官员会向您提供对自己不利的启发和知识吗？坦率地说，完全是因为中坊先生，我们才学会了如何与他人交涉和作斗争。这笔税款是我们作为谢礼退还给您的”。

听到这里，我就向他仔细打听起其中的缘由。

“经常会有各种各样的人到国税厅来投诉抗议，有时会有政治家亲自出马，有时甚至是集体示威游行。但这些人的抗议方式基本上都是千篇一律，而只有中坊先生使用了一种简单却没有人使用过的方式。那就是，中坊先生每次来国税厅时都是单枪匹马。

中坊先生先后到国税厅来了二十多次，您每次来时都是一个人，而其他来找麻烦的人要么带着秘书，要么带着税务师，全都是一伙一伙的。只有中坊先生每次都是一个人，您不仅不熟悉相关法律，甚至还经常丢三落四。

中坊先生每次一到国税厅就立刻大发雷霆，仅是发完牢骚就走倒也罢了，可是每次您都会把文件忘在我们这里，因此我们不得不每次都把您忘掉的东西放在保险柜里，等下次中坊先生来时还给您。

于是在我们这些国税厅干部中便逐渐有了‘不速之客又来了’的说法。而您唯一的优点就是对任何问题都一定会给出答复。”

事实上，随着我拜访国税厅次数增多，后来每当我到国税厅时，自直接税部部长，一直到下面的法人税科科长和所得税科科长等越来越多的人都要出来接待我，多的时候我一个人周围就围了将近二十名国税厅官员，他们一起向我做各种解释和说明。

“每当这个时候，中坊先生都是不管合不合理一个人跟我们大家争个高低。

在这种状况下，我们国税厅的人也不知不觉地明白了‘穷鸟入怀，猎夫不杀’的真义。在那些关于黑道的电影里，结局永远都是由鹤田浩二（二战后日本著名的男影星——译者注）或者高仓健扮演的主角冲入敌阵厮杀，他们永远都是单枪匹马。

我们原本觉得这些只不过是电影的表现形式，从中坊先生身上我们认识到事实并不是这样，没人能战胜那些单枪匹马者。

所以我们才会转而向您透露各种各样的信息和窍门，大家依次告诉你什么是‘所得’和‘代扣税’等，有意识地把您引上道。”

总而言之，国税厅直接税部部长想要告诉我的就是：“您的成功其实全都源于国税厅官员的帮助。”最后他告诉我说：“但是我们国税厅不会再做这样的事情了，这一次我们已经从您这里学到了需要知道的东西。”

后来，不少遇到类似事件的破产财产监管人登门向我请教“如何使国税厅退还税金”。对这些律师，我都会给出具体意见，但却没有一个人再成功过。当大家来向我抱怨：“为什么中坊先生那时能拿到国税厅退还的税金，而我们现在却不行了呢?”我也只能回答道：“可能是我们的具体情况不一样吧。”我在这里必须得承认，那个时候我确实受到了特别对待。

不管怎样，我没能直截了当地指出“国税厅只对丰田商事这个事件特别处理的做法毫无道理”！仅凭这一点也说明我所秉持的正义到底还是有缺陷的、不完美的。

稻盛和夫：
获得最终胜利要靠人格魅力而非玩弄手腕

这也就是说，所谓税法，是一种极其片面的、完全站在收税方角度而制定的法律。国税厅只需要以“其他事项”的含糊借口为幌子，就能确保自己立于不败之地，普通公民根本就不要指望能够战胜这些权力中枢。就是在这种背景之下，中坊先生却以国税厅为对手挺身迎战，并获得了胜利。之所以能够取得成功，应该归功于中坊先生的个人品德。

如果仅仅依靠个人能力，是不足以在真正的斗争中获胜的。假如我们不具备完善的人格，就无法在残酷的环境中施展力量。虽然中坊先生自谦只是在口头上比较在行，如果这是事实的话，只会遭到他人的鄙视。而中坊先生之所以能够赢得大家的爱戴，归根结底是因为中坊先生的个人魅力，这其中含有深刻的道理。

虽然国税厅宣称再也不会像中坊先生那次一样做出退还税款的决定，但我相信，只要秉持相同的真理，令国税厅自食其言也不是不可能的事情。

我这么说是因为我曾经有过类似的经历。

还是在京瓷创办没多久的时候，在一次公司会议上，会计部部长发言说："票据贴现押金的比率又提高了。"我就问道："什么是票据贴现押金?"一问之下才知道，当企业到银行申请贴现票据时，必须先按一定的比率在银行存款，银行现在提高的就是票据贴现存款押金的比率。

于是我继续问会计部长："银行为什么要收取票据贴现押金呢?"会计部长告诉我说："一直都是这么规定的。"作为一个财务方面的门外汉，我就再问道："这个规定有些不通情理，是不是当票据拒付时会给银行方面造成损失，因此银行才会通过存款这种方式回避风险呢？”会计部长回答道：“确实如此。”

紧接着我又问：“那么我们公司迄今为止一直都在向银行支付票据贴现押金吗？”“一直都在支付。”“如果是这样的话，我们现在的贴现票据额和票据贴现押金存款额各是多少？”一问之下我才得知，我们公司为此支付的定期存款额居然高于票据贴现额。听到这里，我当场指出：“这实在是一件极其荒谬的事情。不管票据贴现押金比率提不提高，如果银行已经回避掉了因此产生的风险，那么就应该废除票据贴现押金这项规定。”

我的这一番话却让会议的出席者们全都笑了起来，他们把我当成了一个不谙世事的技术人员，并告诉我说：“我们必须和银行搞好关系，当初我们公司还没有什么信用时，曾经从银行那里获得了大笔融资。现在公司情况开始转好，却向银行抱怨这抱怨那，这就有些不近情理了。”

但是我仍然坚持自己的主张，认为银行这个规定是没有道理的。结果没过多久，报纸就登出日本大藏省的观点：“银行不得通过票据贴现押金套利”。

我现在依然清楚地记得，通过这件事，我得以确信，不符合普遍真理和原则的事情，就一定有问题，而普遍真理终究是会得到承认的。

中坊公平：
日本国税厅将国会记录视作“证据”的智慧之举

当年国税厅之所以会做出让步，很重要的一个原因就在于我们得到了全社会的支持。这就像最近的麻风病判决，日本政府能够低头认错是一个道理。在处理丰田商事事件时，日本整个社会都给予了高度关注。当时我们这些相关者的共识就是:“如果国税厅不退还这笔税款，不知道他们将受到社会舆论怎样的敲打。”假如这是一件不受世人关注的事件，不管我个人如何努力，我相信国税厅的那帮人绝对不会予以通融的。

那次也确实把国税厅搞得焦头烂额。为了让国税厅退还已征收的税款，我们必须起诉丰田商事所有的推销人员，也就是说国税厅必须对每一个丰田商事的推销员逐一进行个案处理，事后还得将他们从丰田商事那里获得的酬劳作为“其他所得”重新征收所得税。

要从那些擅长欺诈的家伙手中收取所得税可不是件容易的事情，需要花一番气力，而且会给政府造成很大的损失。所以我也理解政府当局当初竭力主张“无法退还相关税金”的原因。尽管国税厅最后征收到了一部分应征税款，不过对国税厅的人来说，这个过程是非常艰难的。

此外，国税厅还做了一件让我感到钦佩的事情。在我们就税款退还一事达成协议后，我希望他们就此事和我签订一个协议。要想退还这些税金，须先起诉丰田商事的那些推销员，等到官司打赢之后，才能够退还税款，这就需要经过一个漫长的过程。为了避免节外生枝，我希望与国税厅就此事先签订一个协议。

然而国税厅却告诉我这是不可能的事情，双方若签协议的话，国税厅的当事人就是大藏大臣，一个代表国家的大臣去签署一份这样的协议是不可想象的。

即便如此，我作为丰田商事的破产财产监管人不能因此退却。于是国税厅的人就想出了解决的办法，他们留下话，“我们明白您的意思，回去我们会想办法解决这个问题的”，然后国税厅就在国会安排了一场质询。

在一次国会会议上，公明党的议员提出询问：“关于丰田商事事件，国税厅将把征收的税款退还给破产财产管理监管人。这项决定的依据是什么?”这显然是一场国税厅和议员事先串通好的询问，先是议员提问，然后再由国税厅官员对议员提出的问题做出答复。现实中确实没有比国会答复更有效的证据了。

事后让我感到非常高兴的是，国税厅把国会答辩的记录送交给了我。发件人清楚地写着“国税厅直接税科科长×××”，收件人处写着“破产财产监管人先生收”。在送来的记录中还夹着一封信，里面写着：“关于我们之前谈到的事情，现在送上国会记录以作凭据。”也就是说，这份记录就成了我们之间的协议。事实上，国税厅的那些官员对法律的漏洞一清二楚。

稻盛和夫：
无论如何都不愿低头谢罪的日本政府

我的经历曾经让我认识到，政府是一种永远都不愿道歉的存在。当年刚好因为慰安妇和南京大屠杀问题，日本与中国之间产生了不和谐的声音，在一次座谈会上，围绕着这个话题出现了“日本究竟需不需要道歉”的争论。当时我的主张是：日本应该向中国道歉。

尽管对这个问题存在着各种各样的分歧，但是我在会议上明确指出：日本曾经侵略过中国，这是一个不容置疑的事实。虽然有人认为，当时西方国家同样也侵略过中国，日本不过是效法这些西方列强而已。但是这改变不了日本侵略中国的事实。既然侵犯了别人的国家，当对方要求道歉时，我们当然应该满足对方的这个要求。那么，日本为何不向中国道歉呢？

听了我的这一席话，一些参加座谈会的大学学者脸上显出了诧异的神情。按照他们的说法，一个国家对另一个国家谢罪是一件非同寻常、极不可能的事情。国家的谢罪行为会让一个主权国家丧失权威，而且会受到对方国家的轻蔑。从国际法的角度来看，这也容易导致谢罪国的国家利益受到损害。

在他们看来，一个国家在处理这些问题时只要设法诡辩敷衍就行了，绝对不能向对方谢罪而使本国历史留下污点。这是作为一个主权国家必须坚守的基本立场。

虽然一个国家的谢罪与个人的谢罪在层次上有所不同，但是我认为国家在应谢罪的时候就应该谢罪。如果仅仅为了保住国家的面子而拒绝谢罪，这种做法给日本带来的损害绝对会超过甘愿做出一些牺牲、勇于向对方谢罪的后果。其实勇于谢罪更有利于日本的未来。

这些事就如刚才中坊先生提到的与国税厅签订协议的往事一样，总是有人认为为了维持国家权力的体面，有些事情是绝对不能做的。

中坊公平：日本政府不愿谢罪的根源在于恐惧赔偿

国际问题的复杂性当然容易使人产生这样的想法，但是在处理国内问题时，政府也不愿意谢罪，这就有悖常理了。结果，官僚们完全基于自身逻辑去看待一切事物，这正是官僚们的常识与我和稻盛先生的常识之间产生差异的原因。不管是麻风病事件、丰田商事事件，还是我曾经参与处理的香川县丰岛的工业废弃物违法倾倒事件，全都如出一辙，充分暴露了政府的荒唐逻辑。

政府之所以在谢罪问题上固执己见，关键在于赔偿责任。例如麻风病患者有四千人左右，有很多患者早已去世。如果政府承认自身有责任，对这些受害者的赔偿金额就有可能达到惊人的规模。而政府承担的债务如果不加以限制任其膨胀下去，将会危及整个国家的稳定。官方的荒谬逻辑正是出于这样的判断。

正是这种政府逻辑损害到了众多公民的利益。司法的存在就是为了保护公民，对不合理的事情，绝对不能忍气吞声。我们介入丰岛的工业废弃物违法倾倒事件正是出于这样的认识。

丰岛事件产生的根本原因是香川县政府认可了一家企业违法倾倒工业废弃物的做法，从而在濑户内海的一个小岛上造就了日本最大的工业废弃物违法倾倒场。对此我们要求香川县政府承认自身过失，并向当地居民道歉。但是香川县政府无论如何都不肯答应这个要求。香川县的官员之所以如此固执，同样也是因为恐惧因此产生的损害赔偿。也就是说，他们害怕一旦香川县政府承认了自身过失，当地居民会进一步提出天文数字的索赔。

我们理解香川县政府的担忧，但是，不向丰岛居民道歉的做法根本没有道理。于是我询问了丰岛居民的本意："你们要求政府道歉，最终目的是为了钱吗?"他们异口同声地回答道："这和钱没有关系。"也就是说，他们只需要政府道歉，并将丰岛恢复成一个没有工业废弃物的美丽岛屿。

因此，我们在与香川县政府的协议中加入了“放弃损害赔偿要求”的条款。通过明确表示放弃赔偿权利，香川县政府最终向丰岛居民做出了正式谢罪。但是，仅为了得到这个结果，丰岛县居民所历经的各种艰辛和曲折实在是罄竹难书。普通人要与权力斗争实在是一件困难的事情。

是不是所有国家的政府都不愿意道歉呢？事实并非如此。相较于日本，很多国家的政府都能够比较容易地做出公开道歉。主要是因为这些国家的政府秉持有错必改的理念。

如果日本也想做到这一点，仅靠政府官员和法律界人士终究力有未逮。要真正改变现状，只能依靠政治家。只有政治才是治理国家的核心。政治家必须考虑全体国民的利益，并按照正确的道理和理念展开行动。从这个意义上讲，小泉纯一郎首相在处理麻风病诉讼案时，承认政府的过失并放弃继续上诉的决定，我认为非常正确，可以说起到了政治应起的作用。

如稻盛先生在《愣头青的自传》一书中写的，这个世界永远都有“道理”或者“天”这样的存在，我们必须“爱他人”。这些“道理和原则”也正是我们这个世界的基本道理和原则。

只要追根溯源，任何现象都能回归到这些最基本的道理和原则上去。如果我们不基于道理和原则认识事物，只驻足于表面现象的话，自然会得出短视的结论，无法看到表象之下更深层的意义。这种做法是绝对不可取的。

从这个角度思考的话，如何在不景气的经济状况中拓展业务看上去与盛和塾讨论毫无关联，其实两者并无二致。因此，稻盛先生才会在盛和塾的课堂上不谈如何做生意、发大财，只谈伦理和道德。

稻盛和夫：
抛弃了“勤勉美德”的战后教育导致日本社会的颓废

假如从现象追溯原因的话，技术员出身的我很容易就能搞清楚前因后果。在进行技术研发时，各种实验都不可欠缺。在这个过程中，必须正确认识各种现象，找出这些现象产生的原因，而且绝对不能加入丝毫主观情绪。也就是说，必须将实验结果视为绝对事实，并通过实证确定产生这个结果的全过程。这种做法可以称为合理主义或科学验证，在不知不觉中这就成了我的方法论。

二战后的日本教育也秉承着与之相同的理念，不仅使日本的科学技术取得了显著的进步，经济也实现了飞跃的发展。

然而，过于注重这种科学方法论，又使得日本人自古以来就重视的精神性被抹杀。也就是说，为了推动科学技术的进步，过度注重合理主义，而忽略了原有的精神性，最终给日本社会带来了巨大创伤。

以“勤勉劳动”这个概念为例，若从合理主义角度来思考，劳动的意义在于获取维系生存的资源。通过劳动，我们也使自己的心灵得到锤炼。因此我认为，磨砺心性与勤勉其实是一个意思。然而现在再也找不到宣扬这种观点的人了，这也从侧面反映了当今社会的颓废状况。

俗话说：贫穷多子的家庭，反而很少出逆子。这并不是说穷人家就不会出坏孩子，只是穷人家孩子所做的坏事都是在能够容忍的程度内。就算这些孩子在外头做了坏事，当他们回到家里，仍然会为操劳持家的父母分忧解难，与全家人同甘共苦，共赴辛劳。

这样的孩子，在学校举办远足活动时，往往因为贫穷而不能同行，即便没钱买零食也能忍住嘴。即便家庭再穷，他们依然有自己的尊严。他们绝不会公开对别人说“没有钱所以不能参加远足”，而只会以“刚好有事不能离开”为借口隐藏自己心中的沮丧。不管情况如何严峻，都会咬牙忍受贫困，努力生存。我自己就是一个非常贫穷家庭的孩子，但它造就了我强大的精神，像我这样的人在生活中不胜枚举。

综观今天的社会，虽然物质生活丰富，不再有人缺衣少食，青少年犯罪率却越来越高。对此有着各种各样的解释，但我认为，正是由于物质生活过于丰富，作为代价，人们变得不再能够忍耐苦难，也抛弃了自尊。

我认为造成这种社会现状的最大原因在于日本政府和对日本教育起指导性作用的日本教职员工会。青少年教育原本是一个需要教师全身心投入的工作，然而日本教职员工会在二战之后却把教师这个职业定义为：一种教师通过出售自己的时间来向学生传授知识的工作。

此外，在日本工会组织发起的各项工人运动中，我们找不到勤勉这个词。工人无须付出超出必要劳动时间的观点被反复渲染，日本的劳动省也乘机顺应这种要求，一门心思缩短日本人的劳动时间，增加享乐时间。

日本劳动省以“在欧洲，人们夏天休长假是理所当然的事情”为理由，鼓励日本人去享受生活、远离劳动，使每周工作40小时在日本变得理所当然。尽管中小企业一再抱怨“如果继续缩短劳动时间的话，将没有办法完成工作”，但是日本政府却试图进一步缩短劳动时间。

个人时间越多，越容易出现前面提到的“小人闲居，易为不善”现象。令人悲哀的是，这是人的本性。

人只要有闲暇，就会琢磨找点事情做。我们必须顺应人的这种本性，将其向好的方向引导。近年以来，参加志愿者活动和日本青年海外协力队的年轻人越来越多，这是一个很好的兆头。参加这样的活动不仅是一件高尚的事情，同时也能让参加者的心性得到磨砺。我希望年轻人都能积极参加志愿者活动。

重塑社会大众的劳动价值观，这才是日本当前最重要的一项任务。我希望越来越多的人能够摒弃不劳而获的思想，认认真真的劳动，不仅依靠劳动积累生活资粮，同时也获得精神上的满足，使自己的人格得到磨砺和升华。这是日本人曾经拥有过的思想，然而在二战后，日本人却抛弃了这种思想，导致日本社会越来越颓废。

中坊公平：
只有日本的风俗习惯才能孕育日本人的特性

确实如稻盛先生所言，勤勉具有让人向上提升的力量。

从重视物质生活的角度思考，劳动时间当然是越短越好，也正是由于对劳动意义的认识过于肤浅，才产生了缩短劳动时间有助于国家繁荣的想法。基于这种认识，我们才会把日本高昂的人力成本当作社会富裕的证据，并认为这是一件值得称道的事情。

在欧洲社会，或许这种想法没有任何问题，对于日本人而言，真实情况又是怎样的呢？如二宫尊德（日本江户后期的农政家，一生致力于农村的改革和复兴，以农村实践家著称。——译者注）所代表的那样，日本人历来就非常看中勤勉这种美德。可是现在的日本人的传统价值观却不断被其他国家的价值观所取代。

在欧洲，度长假被认为是理所当然的事。这个习惯是基于欧洲国家的国情。在那些非常寒冷、日照时间极短的国家，人们自然会想到意大利去休长假。可是像日本这样一个四季分明的国家，人们即使在自己家周围也能享受到同样的“长假”，根本没有必要为此到遥远的外国去。

然而现在的人们却肤浅地认为“欧洲很富裕，所以人们能去度长假。日本很穷，所以去不了”。当然，休长假不是一件坏事，但我们有必要重新客观地认清“什么才是最适合日本人的生活方式”。

从地理条件来看，日本是一个雨量充沛的国度。有些国家一年的降雨量只有数百乃至数十毫米，而日本的年均降雨量却达到 1 800 毫米。我们为何不基于这种特殊的国情，重新认识自然环境丰饶、气候温暖的日本之美，去探寻符合日本国情的生活方式呢？

随着全球化浪潮的席卷，经济活动已经挣脱了国境的束缚，在世界范围内自由驰骋。由此产生的对欧美的事物不加区别、全盘接纳的倾向，最终导致日本人抛弃了传统的生活方式。

如果不想成为思想的俘虏，我认为只需单纯地“将劳动视为一种美德”便足够了。

稻盛和夫：
在辛劳中树立高尚的人格

刚才我们谈到了穷家不出逆子，劳动也不是什么生活负担，只有劳动才能陶冶高尚的人格。

从年轻时候开始，一直有一件事情让我觉得不可思议。就像木匠一样，倾尽一生专注于某一领域，最终成为具备该领域高超技艺的人，其人格也同样出类拔萃。在电视节目中我们常常能从这些人口中听到令人叹服的道理，为他们的人格魅力所倾倒。尽管这些身怀绝技的人领域各不相同，可是在精神深处却都存在着相通之处。

当我们将身心倾注于某一项工作中时，不仅能够获得精湛的技艺，而且也能够让我们的人格得到历练和升华。那些技术达人或许没阅读过哲学著作，他们却能够感知宇宙的真理，抓住事物的本质，说出令人叹服的见解。

我之所以想到这个话题，是因为前阵子我阅读《日本经济新闻》报上《我的履历书》专栏所刊载的著名相扑横纲大鹏的故事时得到了启发。虽然我是无意中读到的，但是立刻就被它深深地吸引住了。这篇文章前后连载了一个月，读完后我不得不叹服“这是一个真正的人”。大鹏先生从幼年开始一直到成为相扑横纲，其间经历了重重艰辛，也正是在这个过程中，他的人格得到了无限提升。

我经常挂在口头的一句话就是“福兮祸所伏，祸兮福所依”，也就是说，如果我们能够战胜贫穷和失败，那么美好的幸福必会在前方等待我们。反之，如果我们为眼前一时的成功和幸运所迷惑，那么我们也会被其中隐藏的灾祸击倒和吞噬。

中坊公平：让负面信息产生正面效应的理念至关重要

2001 年日本相扑大赛 5 月场的最后一天是贵乃花和武藏丸的总决战。尽管在数日前的比赛中负伤，贵乃花仍然凭借高超的技术获得了胜利。我对相扑并不在行，在我与一位朋友谈起这个话题时，他向我详细解释了贵乃花获胜的原因。

贵乃花在相扑运动员当中属于体格较小的那一类，他之所以能够登上横纲宝座，关键就在于他对自己的上半身进行了极其严格的锻炼。贵乃花上半身的肌肉非常结实，不过这却给他的下半身造成了负面影响。贵乃花在前面的相扑比赛中扭伤右脚的原因也在于此。因此，在最后一天与武藏丸进行决赛的时候，贵乃花完全无法依靠右脚进行比赛。所以他仅仅靠上半身的力量，利用右手将武藏丸摔倒在地。我的那位朋友告诉我，这也正是贵乃花了不起的地方。

当我们想成就一件事情时，福祸都是相依相存的。就宛如我们这个世界，并不完全由好的事物或者坏的事物构成，好与坏总是相伴相生。

我经常与企业界打交道。前阵子我访问了一家住宅建筑公司，当时这家企业正在推行“零投诉运动”，也就是要彻底消灭客户的投诉。通过这场活动，通过营销员工之间展开竞赛，确实减少了客户投诉数量。

然而我对这项活动有着截然不同的看法。以前在那些决定修建住宅的客户当中，有70%是在参观了样板住宅后才做出决定的，剩下的30%则是根据他人的推荐做出决定。在那样一个时代里，像这家建筑公司一样推行零投诉的做法或许还是情有可原。

随着日本经济状况的持续恶化，建筑公司很难像以前一样修建样板房。因此，住宅建筑企业就必须通过熟客介绍的方式延揽新客户。那么，在何种情况下，什么样的人才会向熟人推荐自己雇用过的建筑公司呢？答案是那些住宅出现问题，提出投诉后马上就得到相关企业妥善解决的客户。有了问题立刻得到公司的热情对待和处理，这种做法当然会让客户愿意向他人推荐这家公司。

从这个角度来看，接到客户投诉绝不是一件坏事，反而是一件好事。在这个世界上，把负面信息转化为正面效应的能力是非常重要的。

这不仅仅是拓展客源的问题，同时也是如何进行危机管理的问题。如果企业对客户投诉不以为意，甚至刻意隐瞒，并向上级谎报投诉为零的话，必然会导致重大事故发生。就像现在的日本警界，由于对所有负面信息都隐瞒不报，才导致了各种各样丑闻的发生。

当下级向上级汇报负面信息时，若上级只会生气斥责，也就不会再有人向上级报告。因此，将负面信息转化为正面信息的思维便显得至关重要。每当这种时候，我们需要做的就是如刚才指出的那样，凡事都先问一个“为什么”。得知不良结果后，不是简单地生气，而是从这个不良结果开始追查根源，那么就会引导出好的结果来。

当今社会，人们往往都简单地以好坏善恶作为事物的判断标准，就像“森喜朗首相不管做什么都是错的，小泉纯一郎首相不管做什么都是对的”这类见解一样，公众往往爱走极端，从而与真实状况背道而驰。

最近，日本司法制度改革审议会在探讨司法的职责时就用了这种思维模式。我们在做决策时，往往会使用少数服从多数原则。虽然这种做法符合民主主义的原则，但是却蕴含了巨大的危险性。

少数服从多数原则往往容易造成狂热和失控。很多时候真理与多数派无关，恰恰掌握在少数派的手中。根据民主主义原则，一旦立法或者行政机构陷入这种状态，司法部门应保持冷静，明确指出这些机构的不当之处。

然而，正是由于司法机构里的那些人缺少基于普遍原则和道理进行裁量的能力，才导致现在的日本社会问题重重。造成这种状况的根本原因就在于日本司法人员的培养体制。在日本，一个人通过司法考试之后只需经过两年的实习，便能成为法官。虽然这些人很聪明，但不一定熟知世间的基本原则和道理。就因这样的人掌握了国家权力，并自以为是法律的“执行者”，结果使司法机构乱象丛生。

我拜读了稻盛先生的《愣头青的自传》后才知道，令尊是一位印刷店店主，作为一名手艺人，他拥有明确的价值判断标准。在任何情况下，只要与价值判断标准有违，不管别人如何引诱劝说，令尊也绝对不会引进新的机器设备。

我没能成就像稻盛先生那样的伟业，作为一介律师，我和令尊一样都是手艺人。虽然我们的眼界很狭小，但是同样拥有自己的价值判断标准。

我认为只要是手艺人，不管从事什么样的职业，都必须要做到这一点。不管印刷工还是律师，首先须确立自身的价值判断标准，这无关我们是否能够得到世间的认可，而是为了确保我们不被他人的价值判断所影响，并基于自身判断来从事自己的工作。

如果一个人无法树立自身价值判断标准，那么就会去依附他人的判断。作为国家，道理也是一样的。日本几乎对欧美的一切事物都照单接受。二战之前，日本就曾经因为效仿西方的殖民地政策，而被国际社会定义为帝国主义国家。

殖民地政策最早始于英国，不管是对印度还是中国的侵略，都是英国军队率先入侵，鸦片战争就是最好的例证。正是由于没有自己的价值判断标准，一味去迎合其他国家，所以当年的日本才会走上歧路。这就与认为美国式的资本主义值得效仿、像欧美人那样享受假日的做法值得学习这样的思维是一样的。

日本必须依靠自身独特的价值标准才能立足于国际舞台。日本的价值判断标准应完全基于自身国情。尽管目前人类似乎正支配着大自然，如果以数万年、乃至数亿年的时间尺度来审视的话，我们就会发现所有生物都是顺应大自然的规律才繁衍至今的。如果我们忽略这一点，人类就有可能落得兴盛一时却最终灭绝的下场。

日本国土狭小，山地占全部国土面积的70%以上，与此同时，海岸线又非常漫长，气候温暖多雨。生在这样一个国度，日本人应该拥有自身独特的文化和文明，我们必须对这些文化和文明予以足够地重视。

在漫长的历史岁月中，日本原本拥有重视心灵而非物质的文化传统。如果我们不重新找回这种价值标准、回归传统文化的话，日本将没有任何前途可言。因此，日本人现在需要做的，不是向外，而是向内去探寻自身的价值标准。

稻盛和夫：
确立以“为人之道”为核心的普世价值判断标准

刚才中坊先生提到，一个国家必须拥有自身的价值判断标准，这种标准归根结底就是“道”。一提到“价值”，我们首先会联想到商品。事实上，真正决定价值的是“道”。当我们说到“人的价值”时，指的就是一个人的品格。

国家也是一样，能够成为一个国家价值判断标准的当然是这个国家的道德。这种道德正如中坊先生指出的，源自于一个国家固有的历史和自然环境。如果进一步探索和发掘，就会发现任何国家在本质上都是相同的。虽然我没有进行过详细的研究，但是不管是在中东产生的伊斯兰教和基督教还是在印度产生的佛教，它们的核心本质是完全一致的，只是由于自然、历史以及环境上有所差异才使得它们在形式上产生不同。

心理学家荣格（Carl G. Jung，瑞士心理学家和精神分析医师，分析心理学的创立者。——译者注）将人的心灵分为“意识”和“潜意识”，并进一步将“潜意识”细分为“个人潜意识”和人类共同的、具有普遍性的“集体潜意识”。

佛教也有“悉皆成佛”的说法。就是说不管是你还是我，不管是植物还是动物，乃至一颗米粒都具有佛性。这种潜藏于世间万物的佛性，或许正是荣格所说的“集体潜意识”。基于这些观点，我认为所有人都具有普遍的共同意识。

也正是基于这种认识，或许我们可以在人类共通的普世真理的基础上，进一步融入日本自身特有的道理。如此一来，在与外部进行协调与合作时，可将日本特有的那一部分搁置，只需使用普遍性的那一部分。弄清楚什么才是人类共通的道理是这种做法的前提。许多人对这个问题的见解都具有片面性。有人会引用孔子、孟子、或者王阳明等中国思想家的教诲；有人则会以《圣经》作为依据，基于基督教精神发表观点。如果是这样的话，必然无法形成人类统一的思想。

我们有必要将那些有识之士召集到一起，共同探讨具有普世性的价值判断标准，也就是为人之道，并以此为基础来运营今后的日本社会。通过这种方式，日本自然就能与世界其他国家保持和谐。因此我认为，有必要组建相关机构和组织对此展开认真讨论。

进行这种探讨时，我认为最重要的一点是：必须立足于“正义”、“廉耻”、“仁”等最基本的普世价值观。

第三章

重拾荒废的教育

中坊公平：
父亲的教育理念——“没必要给铁镀金”

稻盛先生提到了必须重视“正义”，我经常思考的一个问题就是：“正义”与“自私”的区别究竟是什么。虽然现在日本到处充斥着自私自利，但是自私与正义这两个概念却多少有着非常相似的地方。

这两者之间的区别，具体说就是：因自私而获利的人永远都只能是特定的人或者组织。而因正义受益的对象尽管开始时可能人数不多，但最终能够与全人类的幸福紧密相连。区别这两者的关键词就是“幸福”。

那么“幸福”到底是什么呢？按照老子的话说就是“知足最富”，也就是“懂得知足”的意思。如果永远为欲望所驱动，人就永远不可能获得幸福。如若我们“懂得知足”，怀揣感恩之心，那么自然就会从中获得幸福感。

资本主义社会是一个竞争社会，我并不打算全面否定竞争。竞争能够起到净化我们自身的作用，一个竞争社会自然要优于一个完全没有竞争的社会。然而，如果因此就鼓吹效率万能主义，并让人由此产生强烈欲望的话，必然会催生出诸多丑恶。所以，即便在一定程度上肯定竞争的作用，也必须让竞争双方“懂得知足”。

对于我的这种说法，或许会有人反驳道：“如果按照你的这种说法，社会经济岂不是要逐渐萎缩？”但是我坚信自己的见解是正确的。至少在日本，物质生活极其丰富，人们能够享受到由此带来的各种便利，想让社会大众放弃现在的生活方式是一件困难的事情，但是我们必须觉悟到，现在的这种幸福是会给我们带来灾祸的。

现在，每周一的《朝日新闻》都会连载我的专栏《一块无以成金的铁》。我之所以会给自己的专栏起这样一个名字，与我小时候的一段经历有着密切的联系。

虽然我的父母都是小学教师，但是我小学时的学习成绩却非常糟糕，整个小学期间，我的成绩就从来没有好过。等我长大成人，父亲离世之后，有一次我去参加小学的同窗会。当年的小学班主任也出席了这次聚会，我的那位恩师从一年级一直到六年级都是我的班主任，是一位热心教育的人。

在同窗会上我才知道，当年因我的学习成绩过于糟糕，我的小学班主任为此专门找过我的父亲。父亲也是一名小学老师，还是我班主任的前辈，也就是说，我的班主任教的是前辈的孩子。当时我的小学班主任对我父亲说：

“中坊先生，虽然有些不好开口，但是说实话，您儿子的成绩实在是太差了。你们两口子都是小学老师，不如在家里好好给他补一补课，这样的话，您儿子的成绩就能够跟上班里同学了。”

我父亲的回答很出乎他的意料。我的小学班主任姓西田，我的父亲回答他道：“西田先生，你不用在意我孩子的成绩，只要给我们家公平的所有科目一个及格的成绩就行了。”父亲接下来说的话就成了现在《朝日新闻》专栏的题目。

“正如你所说的，我们家公平天生就不是一块‘金子’，只是一块‘铁’，这个孩子先天能力就存在着很多缺陷，学习成绩才会这么差。

然而作为一名长期从事小学教育的工作者，我认为西田先生的建议就像要给一块铁镀上一层金。表面看上去，这块铁似乎和金子一模一样，然而镀上去的这层金终究会脱落，到那个时候事情就麻烦了。

与其如此，还不如让这孩子从一开始就明白自己只是一块铁，让他仔细想好自己作为一块铁的人生道路。这样做才是真正为他好，我们没有必要强迫他去获得好成绩，你尽管给他打个及格的成绩就好了。”

对于父亲的这番话，我的班主任的评价是：“你父亲可真是有点与众不同。”

稻盛和夫：
不靠镀金虚张声势，应接受适当的锻铁教育

如此说来，令尊确实非常明智。反观现在的一些父母，强迫孩子从小就去读补习班，想方设法给“铁”镀“金”。这些父母说白了就是想要给自己的孩子镀上厚厚的一层“金”，好让他们将来上名牌大学。如果小孩子能去读那些一流的补习班，外表镀上一层耀眼的“金”的话，将来就能进入名门高校，再通过司法考试或者公务员考试，最终作为精英踏入社会。其实这种做法只不过是在一层一层地给孩子“镀金”，外面的金层最终都会被剥落。这就是卷入极端丑闻的政府官员甚多的原因。

给铁镀金不会有真正的意义，但并非不需要对那些“铁”施以培养教育，重要的是如何根据铁的特性，施之以一块铁所必要的锤炼锻造。

举例来说，如果在铁中加入碳元素，就能够使铁转化为

钢，变得比铁坚硬。如果再加入铬元素的话，则会进一步转变为不锈钢。倘若只在表面镀金，铁的本质不会产生任何变化。只有从内部对铁加以影响，才能让它的性质发生改变，成为比铁优良的物质。

想必这就是中坊先生父亲的想法。如果中坊先生能从老师那里接受到真正适合自己的教育，自然就能从铁变为钢，甚至是不锈钢，这种方式岂不更加有效吗？

而那些通过镀金来伪装掩饰的做法，必然会露出马脚，这就像以前生产铁制自行车时都会在表面上涂一层镍，但是镍层很快就会脱落，最终照样是锈迹斑斑。因此，这种做法其实毫无意义。

铁就是铁，与金子不同，有适合于自己的锻造方式和使用途径。倘若父母无法接受自己孩子是一块“铁”的事实，为此忧心忡忡，并试图强迫孩子成为一块“金子”的话，就往往会让孩子产生“自己的将来没有任何希望”的悲观情绪。如果一开始就告知孩子：“你只需要做一块铁就好了，铁也有铁的生活方式”，这样的孩子反而更容易得到救赎。

中坊公平：
多亏父母我才没有走上犯罪道路

为什么我会想出那个报纸专栏的题目，这就又要讲到我在担任住管机构社长时的事情了。当时我的一位兼任住管机构高管的律师朋友，他曾对我说过这样的话。

“中坊先生，您小时候一定很调皮。”他说得确实没错。但这种事并不会写在脸上，我就问他是怎么知道的。

“这还用问？像您这样大胆肆意地发号施令的做法，绝不是老老实实的人做得出来的。”

见被他说中，我的那位朋友显出了得意的神情并继续说道：

“我和您不一样，我从小接受的教育就是如何做一个乖孩子。所以我是作为一个好孩子一直在众人的夸奖声中长大的。现在回想起来，我从小就知道如何赢得父母和老师的夸奖。

等过了五十岁之后，我终于发现了这种教育方式的缺陷：要想受到他人的夸奖，必须迎合他人的价值判断标准，而不能有自己的价值判断标准，就必须按照别人的价值判断来思考和行动。总之，只有顺从他人的价值判断才能成为一个乖孩子。

反过来，我们也能够推导出那些基于自身价值判断立身处世的人在现实中都是些怎样的存在。作为一名主要接手刑事案件的律师，我的委托人大多是罪犯，这些罪犯毫无例外，全都像中坊先生一样基于自身的价值判断来做决定。

这些罪犯经常会被人问道：‘你为什么会做出那样的事情?’其实这完全是因为他们拥有自身判断标准的缘故，只不过他们的价值判断标准与世间的价值判断标准之间存在着差异。当他们对这种差异不以为然，只专注于自身价值标准的时候，必然会走上犯罪道路。所以，凡事都基于自身价值判断采取行动的做法不一定就是好事。

不仅是那些罪犯，凡是调皮捣蛋的孩子基本上都有自己的价值判断标准，要想避免这些孩子走上犯罪道路，关键就在于是否有人对他们的做法予以认可。就您而言，这种人应该就是您的父母了吧?”

听到这里的一瞬间，我就想起了父亲对西田先生说的那番话，也就是“不要去冒充金子，老老实实地做一块铁”。

基本上那些调皮捣蛋的孩子不会得到任何人的夸奖，他们不会去效仿他人的价值判断标准，而完全是由自己做主，但这样的孩子同样也需要得到认可，而这种认可往往只能来自父母。

事实上，当初我是出于对学校老师的逆反，才会讨厌学习，成绩一塌糊涂。对于这样的我，我父母的见解是：自己的孩子只要做好一块铁就足矣，没有必要特意去镀金。老老实实做一块铁，对孩子的未来更有益。我的那位律师朋友的话让我意识到，正是因为拥有这样的父母，才使我没有走上犯罪道路。

稻盛和夫：
父亲认可了我小小的正义

您那位朋友能够做出这样的分析，也是个不一般的人。不过，非常关键的一点是，中坊先生的父母能够认同中坊先生的价值判断标准。如果中坊先生的价值判断标准会使您成为一名犯罪者的话，想必他们也绝对不会容忍，一定会对您严加管教，纠偏归正。他们之所以对您抱以“就算是做一块铁也没什么不正常的”的态度，是因为中坊先生的价值判断并没有远离世间的常识。您父母也承认了您的自我判断的正当性，这一点至关重要。

我曾经有过这样的一段经历。我在上小学的时候曾经带头欺负过班上同学。当时我读六年级，班主任是一个偏心的老师，只喜欢班上有钱人家的孩子，我对他的这种做法忍无可忍，于是就把小朋友们召集到一起，想办法要捉弄他。

那位老师在上课时会说："有谁不懂就举手。"这样做看上去是为了看看班上同学还有谁没听懂上课内容，实际上我们班主任只回答富家同学的提问，久而久之，班上的其他同学也都知趣地不再主动举手提问。

我把小伙伴们叫到一起，告诉他们说："等到下一堂课，老师再这么问时，我们大家一起举手，看他是什么态度。"等到了下一堂课，当我们大家都举手时，那位老师却根本就没有把我们当成一回事，只是斥责我们道："你们这些家伙，听不懂课是理所当然的事情！"可是对班上的一名富家同学，他却给予了认真指导。

我们终于有了老师偏心眼的证据，作为报复，从那一天起，我们就开始欺负班上的那个有钱人家的孩子。结果有一天，我的一个小跟班把那个富家子弟打成了重伤。在此之前，那孩子因为害怕向老师或者他母亲告状会遭到更严重的报复，所以一直都保持沉默。由于这一次受了重伤，那孩子的母亲终于得知了真相，知道是稻盛这个坏家伙带着一群小朋友每天欺负她家的孩子。

于是那位母亲跑到学校，满腔怒火地大喊大叫，班主任得知原委后，同样也是怒火万丈，把我和其他小朋友们全都叫到办公室痛揍了一顿，并让我们把父母叫来。当我母亲来到学校，班主任当着我母亲的面斥责我道："这里面最坏的就是你儿子了，是你儿子带头欺负人的！"

当时恰逢六年级的第三个学期，我们马上就要毕业，我正打算报考著名的鹿儿岛一中，结果班主任却告知我母亲说，我把人打成那个样子，报考档案里的校方评价肯定很糟糕。所以绝对不可能被鹿儿岛一中录取。

母亲听班主任这么一说，不由地哽咽了起来，看到这种场景，我也只能默默承受。从学校出来，我跟着母亲一起默默地走回家。晚饭的时候，全家人都坐在一起吃饭，只有我一个人心情沮丧，一言不发。

看到我这个样子，原本平时话不多的父亲就开口问道："今天你妈妈被叫到学校去，老师非常生气，你为什么要做那样的坏事呢？"于是我把事情的原委告诉了父亲，他听了问道："你觉得自己做错了没有？"我回答道："我觉得我没有错。”“为什么?”我答道:“因为我是为了正义才那样做的。”父亲听到这儿，就进一步向我问道:“你真的是这么想的吗?”我想都没想斩钉截铁回答道:“我确实是这么想的。”“如果你真的是这样想的，那就没有什么问题。”也就是说，父亲认同了我这个小小的“正义”。

如果我的那个正义是错误的，或许也就不会得到父亲的容忍。尽管我是为了报复老师才做出了不能原谅的事情，但我并不是出于私愤，而是想要代表大家警告那位偏心的老师，也就是出于公愤。对我的这个小小的正义，寡言少语又没有什么学问的父亲却给予了认可，也正是父亲的这个认可，我才没有破罐子破摔。因为我有过这样的体验，所以才会对中坊先生父亲的那番话颇感认同。

中坊公平：
越来越多的人正在失去自己的价值观

我们现在谈论的内容或许正触及了教育的出发点。无论任何人，倘若只遵循自身价值判断标准，生活在这个社会中就有可能成为犯罪者。正如稻盛先生一贯主张的，在民主主义理念中，保持独立自尊是非常关键的。如果个体无法做到独立和自立，那么民主主义就难以真正确立。为此，个体必须树立自身的价值判断标准。

综观当今社会，大家都只会附和他人的价值判断标准，全都成了“见风使舵之徒”。人们从小就被父母教育这不能做那不能做，早早地学会了人情世故，最终成了一个只会揣摩周围人心态、完全依靠他人的价值观过日子的人。现在这种人越来越多，而他们反被认为是脑袋灵、懂事理。那些忠实于自身判断的人却被当成有问题的人对待。

当然，父母也不一定要对孩子的所有价值判断都予以认同。父母应该认同孩子正确的价值判断，并以此作为教育子女的前提。从这个角度来看，父母的存在尤为重要。如果父母不能对孩子予以正确的引导和教育，孩子就会因为缺少正义感而陷入自私自利的状态，甚至走上犯罪的道路。

这就像一张纸一样，任何事情都具有两面性。当孩子在学校受到老师批评，而父母也附和责备自己的孩子时，就会激起孩子的逆反心理，使孩子变得自暴自弃。以稻盛先生为例，当年您父亲要是也这样做的话，大概您早就组建“稻盛犯罪团伙”了。

并不是说父母对孩子做的任何事情都必须给予认可，教育的难点也正在于此。百般认可，再加上日本教职员工会主张的“教育只是劳动而已”的观念，这两者结合在一起导致现在教师的人格变得越来越扭曲。

所以说，教育这种工作不是任何人都能胜任的，而最能起到作用的就当属父母了。

以稻盛先生为例，后来您学习成绩好了起来，这当然再好不过了。可是我的学习成绩自始至终都非常差劲。这主要是因为我的学习能力太糟糕，一般人认为简单的事情我却怎么都做不到。比如我的动手能力很差，我的母亲经常笑话我说：“你的手就像棒球手套一样，只有大拇指和另外一个指头。像你这个样子，肯定没法从事那些需要动手的工作。”

手与脑是紧密相连的，动手能力差也就意味着我的大脑存在着相应的缺陷。这是天生的缺陷，不管我多努力，终究力有未逮。

坦率地讲，虽然我是一名律师，但对法律条文却不十分精通，熟悉我的律师经常会挖苦我道：“居然有你这样不懂法律的律师，这实在是太滑稽了。”不单如此，我把握全局的能力同样也很弱。

我唯一能够做到的就是像“一块铁”一样的生活。按照那些尖酸刻薄的律师同僚的说法，我这个人只有嘴部肌肉异常发达，他们常常评价我道："据说人在刚死后的一段时间里，指甲和头发会继续生长，而你这家伙这么能侃侃而谈，想必就算是死了，嘴巴也停不下来吧?!"

稻盛和夫：只注重死记硬背的日本教育

"不要去冒充金子，老老实实地做一块铁"的说法同样也可以用来对照我的人生。

由日本文部省主导的日本教育体制就是通过对学生施以整齐划一的教育，把所有人都训练成一样的水平，而产生了"填鸭"式教育。从小学开始，我就对这种教育制度产生了疑问，为什么学校一定要对学生采取这样的教育方式呢?

当然，如果是关于"如何做人"的道德教育，确实需要在一定程度上实施统一教育。然而小孩子里面，既有"金子"，也有"银子"；既有"铜"，也有"塑料"，为什么我们的教育体系不能根据每个人的特性因材施教呢?

小时候我周围就有那种特别聪明的孩子，老师的课只要听一次就能完全理解，他们不需要进行特别的预习和复习就能取得好成绩。然而，那些脑袋比较笨的孩子，如果想要取得和那些聪明孩子一样的成绩，就必须在考试前反复复习准备，付出数十倍的努力才行。

我就是一个记性很不好的人，还对任何事情都喜欢问为什么，特别爱向老师提问。在做磁铁实验的时候，我会问老师:“为什么磁铁会产生吸力?”老师回答我:“因为磁铁会产生磁力。”我又继续追问:“那什么是磁力呢?”老师就不耐烦地回答道:“磁力就是磁力。”

老师这么说的意思就是要我们不要去打听多余的事情，只需记住老师教授的内容就足够了。然而会有学生对此感到无法满足，这些孩子对死记硬背没有任何兴趣，反而对事物的本质原理充满好奇心。对于这样的孩子，教师本应去培养和拓展他们的这种能力，然而日本的教育却只注重死记硬背和整齐划一。

在日本，从小学一直到初中，基本上都忽视个性教育，只注重培养学生整齐划一和死记硬背的能力，不是以思维能力，而是以记忆力判断学生是否优秀。很多孩子因受到这种教育方式的打击，对学习失去了兴趣，这种教育模式不仅导致日本人缺少创造性，也对日本的社会形态产生了巨大影响。

中坊公平：越是成绩不好的孩子越适合经营企业

我与稻盛先生结识于几年前在京都新闻社举办的一次座谈会上。当时，为了在元旦当天发行的报纸上刊载与稻盛先生的会谈记录，我和京都新闻社社长、总编与稻盛先生在京都的一家宾馆里进行了会谈。

不知稻盛先生您还记不记得，那一次我是提前抵达会场的，一直在房间里等候着你们的到来。在京都新闻社社长和总编抵达后，稻盛先生也进入了房间，我与稻盛先生并肩而坐，新闻社社长和总编则坐在我们的对面。

当稻盛先生走进房间，在我旁边坐下时，我正思索初次见面我们该谈些什么样的话题，没想到稻盛先生一坐下来就开口问道："中坊先生，您读小学的时候是不是学习成绩不好?"看样子稻盛先生来之前就已经读了好几本我写的书，已经知道我曾经是个成绩糟糕的孩子。

这让我感到有些意外，两个人第一次见面，开门见山地说"听说您成绩不好"，这样的寒暄有些不同寻常。当时还有京都新闻社社长等人在场。我点头称是，您继续讲道：“实际上，我的学习成绩也不好，当年因为高考落榜，没能进自己报考的大学，才去了鹿儿岛大学的。”

您接下来的话就更有意思了。

“当我得知中坊先生小时候学习成绩不好时，就知道您是一个真性情的人。”

稻盛先生是在读了我的书之后才决定要见我的。见面的那一刻，第一句就是“成绩不好”，想必我的这一点最能引起您的共鸣。

您还进一步说道：“中坊先生，往往只有学习成绩不好的家伙才能办好企业，那些从小就老老实实的乖孩子最后能够把事情做得得心应手的少之又少，甚至可以说一个都找不到。这是因为成绩不好的孩子往往缺乏自信，当他们进入社会接受磨炼时，虽然也会有人中途退缩，但是大部分人都能经受住考验并得到成长。在公司里面，这样的员工往往能够成为值得领导者信赖的部下。”

当我听到您的这一番话，首先想到的就是：难道教育只是学校的任务吗？一般都把缺乏自信当作缺点对待，然而，如果自己能够意识到这一点并加以磨炼的话，那么缺乏自信就会转变为谨慎。对于企业经营而言，有时需要在无法预知前景的情况下下赌注。这种时候，如果把企业交给那些过于自信的人，往往会给企业带来灾难性的后果。反而是那些缺乏自信、小心谨慎的人更有益于企业的生存和发展。

但也不是所有职业都适合缺乏自信的人，例如科学家、艺术家和运动员就需要具备完全不同的资质。从企业经营的角度来看，经营者最重要的资质就是小心谨慎了。

如稻盛先生所说的，学校向学生传授的东西并不那么多，人的能力千差万别，需要具备的资质也因个人将来的发展而有所不同。然而我们的教育却无视这种状况，完全实施整齐划一的教育，这实在令人扼腕。

当前，日本教育出现了荒废景象，因此有意见认为需要重新修订教育基本法，或者改变日本教育制度。然而，事情没有那么简单，教育之所以会荒废，整个社会起了很大的作用。正是由于道德颓废，使整个社会失去了活力，从而导致了教育的荒废。

不过，现在就算把责任归咎于社会，也无助于解决实际问题。我们现在应该建立一种能让学生思考“为什么”的教育体制。而现行的教育却刚好反其道而行，只注重“知识的填塞”。所以我认为，我们必须培养学生凡事都深究“为什么”的能力。

稻盛和夫：
老师与学生若成为朋友将无法实施有效的教育

说到谨小慎微是一个非常重要的资质，使我想到了另外一件事。有一个叫大场满郎的人，他是世界首位独自徒步横穿南北极的人。一次，他因为横穿南北极的事宜访问了我的公司。当时我们刚刚开设了一家利用铱星通信卫星系统提供全球移动电话服务的公司，大场先生想要我们公司为他独自横穿南极的冒险提供电话服务支持，允许他使用我们的试用产品。

在他完成那次冒险，从南极回来后没多久，大场先生专门来向我表示感谢。也正是那一次，我才见到了大场先生本人。

当时我对他说："您真是一个勇敢的人，敢于挑战像横越南北极这样的冒险。"没想到他却回答道："事实并不是这样，我不是一个勇敢的人，事实上我胆子非常小。"

按照大场先生的说法，凡是胆大的冒险家，基本都死在了冒险的路上。如果胆子不够小的话，是没法在冒险活动中幸存下来的。

听到这种说法，我不禁想到，经营企业其实与冒险是同样的道理。至少对于技术人员和律师而言，这个道理同样适用。也就是说，这些工作都需要谨小慎微，事先为最坏的情况做好周到细致的准备。也只有这样，才能确保成功。如果勇气过剩，产生轻敌思想，往往就会得到惨重的下场。这个道理不管是对野外冒险还是其他工作都是相通的。

缺少勇气看上去是一个缺点，然而正如前面所说的，谨小慎微的人如果能够得到充分的培养和引导，必然能成长为优秀的人才。也就是说，他们这个所谓的缺点，反而成为他们未来发展的重要助力。我认为教育绝对不能忽略这个因素。

此外，有效的教育要求学习者必须常怀敬仰之心。所谓“敬仰”就是要尊敬对方，保持谦逊。缺少“敬仰”之心的人，不管接受任何教育都很难学到真髓。看一看现在的社会，学生对待老师的态度随随便便，一些愚蠢的老师甚至还以此为荣，以为“自己在学生里面很有人气”。

京都的伏见工业高中橄榄球队有一位名叫山口良治的名教练（现京都市体育政策监事），伏见工业高中曾是一所校风不佳的学校，山口先生来到这所高中工作后，对这所学校的学生进行指导，创建了一支在日本全国性比赛中数次夺冠的优秀橄榄球队。

山口先生全身心地融入到队员当中，对他们进行培训和指导。如果完全采取高压政策，便很难得到队员们的认同。如果放低姿态以博取队员人气的话，又无法得到队员们的尊重，对山口先生而言，这是他绝对无法接受的事情。山口先生为打造伏见工业高中橄榄球队倾注了全部力量。对球队队员进行了彻底的指导，在必要的时候甚至会动手打人。通过这种方式，他不仅得到了球队队员的信赖，还赢得了队员们的真心尊敬与认同。

最近，我有幸见到了山口先生。和他交谈后，我愈发觉得他是一个了不起的人，于是邀请他到京瓷赞助的作为日本职业足球联赛成员之一的“京都不死鸟队”作演讲，希望他能够给“京都不死鸟队”那些拿着高薪却无法创造佳绩的队员们注入活力。山口先生爽快地接受了我的邀请，并在“京都不死鸟队”全体队员面前发表了一番充满激情的演讲。

恰巧那天“京都不死鸟队”刚刚输掉了一场比赛，于是山口先生向队员们做出了以下的激励。

“当比赛结束时，你们应该向那些支持你们的粉丝表示感谢。不管你们多累，也应该走到观众席边向粉丝们说一声：‘非常抱歉，我们输了这场比赛’，向那些给你们提供援助的观众表示谢意。可是你们却没有一个人这么做，所有人都是满不在乎地离开了赛场，这种事情实在是不能容忍。虽然输了比赛，你们却没有任何悔意和泪水。”通过这番话，山口先生给队员们来了当头棒喝，我们也感受到了山口先生充满热情的教导。指导者只有像这样倾尽自己的身心，施以令人血脉沸腾的教育，才能使被教育者产生改变。“老师与学生平等交流”的观念看上去符合现代潮流，我却认为这种方式是大错特错，只会让教师刻意去迎合学生，从而催生出敷衍了事的作风。

中坊公平：
育人需要采取“理念先行型”模式

我认为，教育的一个重要前提是确立具体的目标。正如我们前面谈论的：教育需要着重培养人们思考“为什么”的能力。教育的目的并不是让学生理解和背诵知识。就像刚才伏见工业高中橄榄球队的例子，作为球队教练，他的视点完全就在为了“获胜”需要满足哪些条件这个目标。正是由于有了这个目标，队员们才会听从教练的指示，接受相应的训练。

然而，综观现在的教育却没有确立这样的目标，完全只注重知识的传授和理解。关于“希望学生们能够通过掌握这些知识去进行怎样的实践”这个问题却没有触及。这样一种“目标的缺失”才是当前教育的最大问题。

例如松下村塾（19世纪50年代由日本武士吉田松阴开设的一所私塾，培养出了伊藤博文等大量日本明治维新时期的政治家。——译者注）的吉田松阴就被认为是一位非常优秀的教育家。他之所以能够成为名垂青史的教育家，主要归因于他是一位精于实践的人。吉田松阴曾经潜入美国军舰打算偷渡到美国，结果事败入狱，最后被判处了死刑。

纵观吉田松阴的一生，关键词就是“实践”二字。当谈及如何改变日本当时的现状时，他不是仅限于口头并且亲自付诸实践。为此吉田松阴被再三要求缄默蛰居，但是他却至死都坚持开展教育活动。他用行动证明了日本到底需要什么，为此必须采取怎样的行动。正因如此，松下村塾才会涌现那么多的仁人志士。

我们现在的教育也面临着相同的要求。抽象点说，就是要“培养能够为国家做出贡献的人”，这就像一支橄榄球队，必须以夺得冠军为目标一样。总而言之，在培养人才的时候，首先要做到“理念先行”。从现状来看，现在这种“从有问题的地方进行修改调整”的做法终究存在着局限性，就算多少能让情况得到一些改善，但是却无法实现根本性地转变。

确立了“做什么”的理念后，才能以此为目标采取行动。作为指导方，只有拥有了理念，才能从中产生热情，如果只靠严厉而缺少理念，则无法进行有成效的教育。那些只会讲解教科书上的内容，认为只要学生能够通过考试就万事大吉的教育者是不可能对教育产生热情的。只有当教育者确立“我做的一切都是为了学生”的理念时，才能满怀热情地投身到教育活动中，并将自己的这种热情传递给学生。

如我之前提到的，因为我并非一块“金子”而只是一块“铁”，所以小学六年期间，我的学习成绩一直都只是及格。但是，我的班主任却没有因此不满，反倒主动与我的父母进行沟通，为我的学习伤透脑筋。

至今我还记得他教我穿靴子的往事。我这个人笨手笨脚，运动神经非常迟钝，至今都没办法把西装穿顺。我上小学的时候刚好是二战期间，如果自己不会系鞋带、穿靴子，遇到紧急情况就会很麻烦。当时班上其他同学都能自己穿靴子，只有我一个人做不到。

于是我的班主任在值班时就把我叫过去对我说：“今天不

管花多少时间，我都要让你学会自己穿靴子。”就这样，他教我穿靴子一直到很晚，最后还领着我去公共浴室洗澡。我们家经济状况很好，在那之前我从来没有去过公共浴室，那是我第一次去那种地方，现在我还记得当时开心的情景。

我的班主任因为我学习成绩不好，找到我的父亲，提出“请在家里多辅导一下”的建议。他觉得即便学习不行，至少要掌握生活中最基本的穿靴子，因此不止一次的手把手教我穿靴子。我相信他之所以这么做，是他作为一名教师的热情使然，在战时那种特殊环境里，不想让我这个孩子落于人后。

稻盛和夫：
教师必须拥有热情，懂得激励

我认为在教育小孩子的时候，热情这个“基本要素”必不可缺。对小学和初中老师而言,“培养合格学生”的强烈意愿更是不可或缺。我们不应该允许那些只把教师工作当作养家糊口的职业的人通过教师资格考试。

我从小对老师的期待就是：他们能够告诉我“人是什

么”、“人生又是什么”的答案。当然，这些问题对成年人而言都是非常难的，但是作为教师，在和孩子们谈论这些问题时并不需要上升到禅宗或者哲学那样的高度，只要以孩子们能够理解的方式做出解答就足够了。

如果老师们能够向孩子们讲解“什么是人”、“什么是人生”，让他们找到适合自己的人生道路，就可以引导孩子们对人生展开思考，从而使他们获得生活的自信。

“有的人能够在大公司里大显身手，有的人能够攀上学术的顶峰，还有的人能够在运动场上赢得辉煌，一个人无论结果怎样，只要是选择了符合自身才干和能力的人生道路，就足够了。重要的是要怀有一颗善良的心，与之相比，头脑是否足够聪慧，运动神经是否非常发达，其实都不重要。人们需要做的就是充分利用自己的特长，使其不断发展成长。在这个过程中，让自己成为一个品格高尚的人，这才是人生的根本。”

如果教师能够以这样的言词来真心地激励学生，那么孩子们必然会对人生进行认真的思考和选择。假如孩子们仅仅因为不适应死记硬背的学习方式，就被老师和家长们认为“愚笨”，这必然会给他们带来严重的负面影响。

我在小学四年级的时候曾经有过这样的经历。当时老师布置的暑假作业是要求同学们做点手工作品带到学校。班里同学制作的大多是昆虫标本，我却想做一个测量物体高度的仪器。

于是我到山里砍了很多竹子回来。先做了像望远镜那样的竹筒，然后在竹筒内部标上刻度，接下来做了一个三脚架，再把竹筒安装到三脚架上，就算完成了。这个测高仪的原理就是：当我们想要测量一个物体高度时，就到离这个物体一定距离的地方，把这个测高仪设置好，然后从竹筒的一端进行观测，根据物体与竹筒内部刻度的关系来测算物体的高度。这个测高仪利用的是比例原理。我把这个测高仪带到学校，和其他同学的作品放在了一起。

老师看到我的测高仪时就问："这个是什么？"

"这是能够测量所有物体高度的仪器。"

"怎么进行测量呢？"

"只要把这个仪器放到离待测物体一定距离处，然后从竹筒里进行观测就知道了。"

当我刚自信满满地解释完毕，老师却劈头盖脸地斥责道："你这家伙是个傻瓜吗？"

就在那一瞬间，安装在三脚架上的竹筒竟然滑落到地上，引得全班同学哄堂大笑，那场面让我恨不得找个缝钻进去。

我认认真真制作的测高仪却被老师彻底地否定了。

那个测高仪确实不能正确测算出物体的高度，要精确测算物体的高度不能只运用比例，还要运用三角函数等方法。就算我的那位小学老师想要表达这个意思，也完全可以使用另外一种表述方式。

如果当时老师能够这样告诉我："你要想做测高仪，就必须到中学里学习那些与函数相关的计算方法，单纯依靠比例是无法测定正确高度的。不过你能够这么想，也是一件很了不起的事情。"这样的鼓励一定会令我更加努力地去学习。

在那个时代，虽然有我遇到的那样的老师，但是也有将全部身心都投入到教育上的老师。再看现在学校里的那些年轻教师，却都是把教师工作视为谋生的工具。让我担忧的是，只会照本宣科的教师现在越来越多。这种状况继续发展下去的话，不仅无助于培养学生的才能，还会使学生的才能在萌芽状态就遭到摧毁。

身为教师，对那些为常人所不容的坏人坏事必须严厉斥责，同时也必须能够发掘学生的优点并予以认同，设法激励他们发展和成长。教育的基本方法就是鼓励，即便是那些缺乏学习能力的孩子，如果能够得到老师的鼓励，上进心便会被激发出来。因此，我希望现在的教育者们能够把目光转向

“通过鼓励来促进学生发展的教育模式”。

中坊公平：
耐心教我穿靴子的小学老师的大爱

确实如您所言，教育有的时候不仅起不到培养学生才能的作用，反而会扼杀学生潜力。善加引导就能够茁壮成长的种子，却往往在接受教育的过程中面临遭到扼杀的危险。

学生是能够感受到老师心中对教育和学生的热情的。以我本人为例，小学老师教我穿靴子的情景至今仍然清晰地保留在我的记忆中。人的记忆是一种很奇怪的东西，每当我们谈到这个话题，当年老师把我找到值班室，一步步教我穿靴子的场景就像电影一样在我眼前浮现。

同时浮现在我眼前的，还有老师的爱。老师对我说：“虽然你学习不行，但至少要会自己穿靴子。”然后手把手地反复教我。我觉得当时老师不仅仅是教给我穿靴子的技巧，也试图让我明白，并不是只有学习成绩好的孩子才会受到重视。虽然我并不清楚老师心中真正的想法，但是那个时候我切身感受到了一种不加歧视的大爱。

从我的小学老师那里，我不曾得到过特别的表扬，只记得他耐心教我穿靴子的样子。对我而言，这就是他给我的全部记忆。或许正是从这种不经意的体验中，我才学到了一个人的重要所在。

现在的日本人是否对学习已经失去兴趣了呢？我不这么认为。我现在还兼任着日本大学的理事职务。我之所以愿意担任这个职务，完全是为了继承曾经向我提供过帮助的梶山静六（1926—2000，日本政治家，日本大学校友。——译者注）先生的遗志。我在日本大学于2001 年度在日本武道馆举行的入学仪式上进行了演讲。由于日本大学是日本学生人数最多的大学，入学仪式也就先后分成了两场进行。参加入学仪式的新生人数每场达到一万多人，如果加上新生家属的话，听我演讲的总人数达到两万人以上。

让我感到吃惊的是，学生里面有很多人都染着一头“金发”，他们都不遵守会场秩序，私语不断，甚至在校长发言时也是如此。于是我就开始琢磨能够让这些新生们安静下来的办法。

在这种情况下，或许有人会认为只需大声斥责便能够产生效果，但是事实并非如此。我本人也在经营着旅馆，对于这种情况有着深刻的体会，轮到我发言时，我开口就道：

“从今天开始各位就进入大学、短期大学（日本高等教育的一种，学制两年，相当于中国的大专。——译者注）以及研究生院就读了，对此我向大家表示祝贺。请大家先仔细思考一下，上面说的这些学校的名字都有‘学’这个字，就连入学也有‘学’这个字。那么这个‘学’究竟是什么呢?”

事实上，我本人也并不是非常清楚“学习到底是什么”，然而我却虚张声势地说了下面这段话：

“所谓‘学习’，就是要从结果去探究原因。世上一切事物都只是现象，当我们看到这些现象时或许会产生‘为什么’的念头，而这也正是所有学问的出发点。如果说‘需求是发明之母’的话，那么学问就始于‘为什么’这个念头。这所大学的创办者——曾经担任日本司法大臣的山田显义(1844—1892，日本政治家，日本大学的创立人。——译者注）曾经提出‘自立’和‘创建’的口号。‘自立’表示独立思考，因此各位到大学来应该做的事情不是学习知识，而是要学会思考‘为什么’，并进一步追根溯源。”

对于我的这番发言，日本大学的校长事后非常感慨地向我说道:“中坊先生，您说得太精彩了，您的一席话让整个会场一下子就安静了下来。”

我并不认为自己的发言一定正确，事实上“学习”这个词有着更深刻的含义。只是因为我以“学习到底是什么”为切入点做了发言，才令那些满头金发的孩子们安静下来认真倾听我的讲演。

稻盛和夫：
未将新员工培训的困难传达给教育界的企业的责任

您所说的那些学生，在度过了四年的大学生活后，进入企业工作。在我们公司的就职典礼上，他们绝不敢窃窃私语，否则立刻就会被赶出去。

日本学生由于受小学时的教育的影响，对唱国歌，升国旗会怀有排斥心理（二战后的日本教职员工会一直都持左翼政治观点，认为日本国歌和国旗代表了军国主义色彩，因此他们对在公立学校升国旗和唱国歌的做法都持反对态度。——译者注）。然而在我们公司的就职仪式上，从来没有发生员工拒绝唱国歌和升国旗的事情。同一个人在学校里和在企业中的表现之所以会如此不同，或许是因为公司没有从员工那里收取学费。企业员工知道如果他们不遵守公司规章制度，公司可以在任何时候将他们辞退，他们就只得老老实实地听从公司的要求。

如果像现在学校里那样，企业纵容员工开会时窃窃私语，随心所欲地做自己想做的事情，不服从上级指示的话，以制造业为例，必然会给制造流程带来影响，最终让不良产品流入社会。也就是说，制造者的精神状态会映射在他们生产出的产品上面。

为此，我们公司针对新进员工会认真实施教育培训，使他们具备与一个社会人相匹配的行为和思维方式。这种教育培训需要耗费大量的财力、人力以及时间。然而迄今为止，我们企业界却没有将这种培训的艰巨性完完整整地告诉教育界，这也正是问题之所在。

对企业而言，要对那些在学校里没有受到充分教育的年轻人进行再教育是一个极其艰难的挑战。而那些接受企业再教育的年轻人对此同样感到困惑。他们一直都被放纵惯了，对“好学”、“敬畏”、“尊敬”等概念一无所知。在这种状况下，突然间就成了社会人，要想从根本上改变他们的个性是不可能的。所以，最终还是要在校园里的时候，就认认真真把这些理念灌输给他们。不管是企业界还是教育界，都必须明白的一点是：“如果不能在学校里让学生懂得合格社会人所应具备的基本条件，那么必然会给大家都造成极大的困扰”。

中坊公平：年轻律师们反对扩大律师人数的病态心理

教育，尤其学校教育与社会出现严重脱节是一个不争的事实。我身处法律界，对此深有同感。要想进入法律界，必须通过司法考试，而司法考试通过率大约是 2% 。一般来说，要想拿到律师执照，先后要经历大约六次的挑战才能成功。从大学毕业到最终进入法律界成为一名律师时，基本上就将近三十岁了。这就产生了一些非常扭曲的现象。

1：50 的合格比率可以算是一条极窄的独木桥，这就导致日本律师的数量严重不足，所以律师事务所不得不向雇佣的律师们支付高额薪资。即便是刚刚进入法律界的人也能拿到每月 40 万日元左右的工资。

年轻律师们一朝跨入了律师行列，就自以为是进入了“收割期”。也就是说，他们在成为律师之前，经历了枯燥乏味的学习过程。一旦当上了律师，曾经的辛劳就应该得到报偿，高薪对他们而言好像是天经地义的事情。现在的律师界里，拥有这种想法的人并不在少数。

然而在我看来，即便他们对法律条文烂熟于心，可是对社会却依然是“一无所知”。他们明明需要从最简单、最基本的地方开始学起，却把自己当成了一名称职的律师，拿着高薪，过着舒服日子。对此，他们认为理所当然，这实在是不可理喻。有鉴于此，我一直主张通过司法改革来扩大律师队伍，可是越是年轻的律师，对我的这个主张越是抵触。他们的想法是:“中坊先生，你这是想要剥夺我们的收入。”

我认为，扩大律师队伍对社会大众而言是非常重要的一环。之所以律师费用居高不下，从需求和供给的角度来看，主要是供给不足——也就是律师数量过少。如果我们能够扩大供给，那么竞争规律就会发挥作用，从而降低律师费用。当然，这会导致律师薪酬降低，所以才会遭到众多律师们的强烈反对。整个律师界都不去考虑社会大众的利益而一心只想维护自身利益，这是一种非常病态的心理。

一般企业，员工即使被录用，仍然要继续竞争。而像律师这样需要通过司法考试的特殊职业，一旦成功进入，就不再需要面对竞争，这就导致律师行业容易产生病态的状况。进一步深究的话,“只求自身得利”的想法与现在的教育有着千丝万缕的联系。

现在的教师们，相较于指导教育学生，他们更关心如何保护自身的权益，整日琢磨着如何缩短工作时间。只要能通过资格考试，就没有人去继续拓展自身能力，并以此为社会做出贡献。一旦通过考试，努力也就到此为止，接下来只会琢磨着如何在余下的人生岁月里发财致富。其实这是一种非常自我为中心的想法。看看现在的年轻律师们，很多时候我很想对他们的工作态度提出质问。他们表面上非常重视自己的家庭，凡事都把家庭放在第一位，所以才会对工作时间抠得那么紧，稍微多做一点工作，马上就会抱怨“这是超时加班”。我们的社会绝不应该容忍这种态度。

稻盛和夫：
富足的物质生活催生出缺乏自制力的青少年

战后的日本社会变得过于富裕，现在的年轻人有很多从小就生活在富足的环境当中，所以才变得任性和自私。

我们小时候，虽然放学后也经常会去买零食，但是并没有固定的零花钱。用来买零食的钱全都是通过帮家里大人做事而获得的报偿。反观现在的孩子们，没有经历过我们小时候的辛劳，什么都不用做，每个月就能拿到不少的零用钱。

任何想要的东西，父母全都会予以满足。

在这种富足的物质生活中，他们也就没有必要去压抑自身的欲望。在这种无需控制欲望、凡事都可任性而为的生活环境中是没办法培养出自制力的。一个没有自制力的人，也就无法正常地成长。之所以现在“17 岁的恶性案件（泛指日本社会里的青少年恶性犯罪）”频发，我认为与此息息相关。

以前，一个人从小就要学会控制嬉戏玩耍、调皮捣蛋的欲望，老老实实做事，还需要懂得忍耐，不去做不应该做的事情。一个人的内心世界也正是在这个过程中塑造起来的。然而，现在的社会里，有助于人内心世界成长的行为都遭到了否定，最终使得人们只能依顺着本性采取行动。

当然，并不是说我们必须回到过去那个贫困的时代。当今这个时代，就算为了重新找回勤勉的美德而宣扬怀古论和精神论，想必也不会有人响应。我们应该如何教育那些在富裕环境中长大且缺乏自制力的孩子呢？我认为只能求助于知识和理性。

我们这一代人，曾经体验过贫困，自然就会具备一定的自制力。对于那些无法通过亲身体验获得自制力的现代人，就只能向他们灌输“做人必须懂得忍耐”的知识和理性。可是现在的教育恰恰在纵容青少年朝着放任和自私的方向发展。

对那些将“教育”这一神圣职业视为出卖劳动的教师而言，他们只会去向学生传授诸如“做人没有必要去经受各种磨砺”、“只要自己喜欢就好”这样的理念。在家庭里面，父亲们也不再会像从前那样严格管教自己的子女，在这样的社会环境下是不可能培养出堂堂正正的人的。

各类青少年恶性案件频发的另一个原因是：二战之后，日本的教育界一直都在鼓吹“自由高于一切”的理念。事实上，我们的自由往往会给他人带来负面影响，可是在日本的战后教育里对这一点却没有触及。尤其是近年来，“自由高于一切，必须最大限度地尊重青少年的自主性”的说法甚至被当做教育的基本方针。

当孩子们还在幼儿园里，还没有成为一个成熟个体的时候就尊重他们的自主性，这种做法如同在教唆他们的自私任性。我认为，这种教育方式只会导致一个人不管到了多大年纪都无法控制自身欲望，也会导致青少年最终走上恶性犯罪的歧路。在这种社会环境下，“17 岁恶性案件”必然是无法避免的现象。

中坊公平：
学生强制劳动的苛酷体验改变了我这个大户人家的小少爷

说到这里我就要提到自己的故事。虽然我也曾经生活在稻盛先生说的那个贫困的年代，但是我出生在一个非常富裕的家庭。现在想来其实这并不是一件好事，二战前我们家就已经有了私家车、贴身女佣以及度假别墅，我想要的任何东西家里人都会买给我。

我小时候体弱多病，从不和周围的孩子一起玩。按照现在的说法，我就是一个娇生惯养的典型，就算我不会自己穿靴子，也不会遭到大人的训斥。当时日本刚开始有幼儿园，我却没有在幼儿园里待过一天，因此当我进入小学时，对社会生活所必需的知识和技能一无所知。

进入小学后，我也没有受过特别的磨炼。给我带来突然变化的，是学生强制劳动（二战期间，为了弥补日益缺乏的兵源和劳动力，日本政府大量征召青少年学生从军或者到工厂打工。——译者注）那段时期的经历。从中学三年级到四年级，我离开父母，过了一段集体生活。当时我们被带到三菱电机的伊丹工厂，在每天遭受美军轰炸的情况下参加工厂的生产工作。

当时我完全是手足无措。原先在家里什么事情都由父母和女佣帮我操办，出门就有汽车，夏天就到我们家在若狭（位于日本中部福井县内面朝日本海的度假胜地——译者注）的度假别墅去洗海水浴，冬天又会到南纪（位于日本本州纪伊半岛南部，以温泉闻名。——译者注）去过冬。在蜜罐里泡大的我，却突然过上了没有父母庇护的生活，当时，恐惧使我心中充满了忐忑。

在我就读的同志社中学的学生里，很多人都来自于有钱人家，周围有不少像我这样的孩子，大家住在集体宿舍里，经常会在遥望六甲山的落日时因想家而大声哭泣。

说起来实在是很害臊，我16岁时会尿床。如果还住在家里，同学们不会知道这个秘密，而集体宿舍的生活让我的这个秘密立刻暴露了出来。即便三更半夜悄悄爬起来清洗弄脏的内裤和被单，也躲不过同学们的眼睛，这让当时的我非常难堪。

在这样的集体生活中，甚至出现了受害者。所谓受害并不是因为美军的轰炸，而是高年级学生对低年级学生的欺辱。人的头部从一边被击打的话，还不至于产生严重的伤害，从两边同时击打的话，就会给脑部造成冲击，带来巨大的损伤。高年级学生恰恰对我的同班同学做了这样的事情。事情就发生在我眼前，有两个高年级学生，从左右两侧同时击打一个同学的脑袋，那个学生一下子就摔倒在地，从此终身致聋。

食物匮乏也使我们非常痛苦。对被征募的学生来说，最高奖赏就是回家休假。家里有从黑市偷偷买到的大米，能吃饱饭，没有什么比这更能让我们感到满足了。在我们集体住的地方，只能得到配给的食物，就算吃不饱，也没有任何补救的办法。食物的匮乏不仅让我们感到饥饿，甚至导致我们营养不良。

曾经有学生因营养不良而死亡。在我中学三年级的时候，四年级学生必须早上五点就到工厂工作，他们凌晨四点就得起床赶往工厂，在寒气逼人的夜色中排队步行上班。

在去工厂的路上，队列中的一个学生突然瘫倒在地，大家仔细一看，发现他已经气绝身亡了。死亡原因是肺炎。当时大家都出现了营养不良的状况，身体抵抗力衰退，很容易就染上肺炎。

死亡的那个学生恰巧是军工厂的子弟，于是他的父母跑去向军队提出了抗议，最终，体弱多病的学生被允许送回家。这个决定实施后一直到战争结束，和我同一个年级的两百多名学生中，仍然在工厂打工的只剩下一成左右，但这里面却包括了身体一向虚弱的我。对此，我自己都感到不可思议。

总而言之，在那个时代里，作为小少爷娇生惯养长大的我经历了各种各样连自己都无法想象的事情。有一次我在京都的家度完假回工厂，原本只需要到大阪的梅田站坐车就行了，可是由于空袭的影响，去往工厂所在的冢口站的火车停开，一筹莫展的我只好在梅田站的地下街熬到天明。

当时，地下街里堆满了垃圾，臭气熏天，我在那样的环境里熬了整整一个晚上。如果睡着的话，行李很可能被别人偷走，我就不敢睡觉。行李里装着从家里带来的食物，我只好抱着行李一直等到天明。天亮之后火车依然停开，我不得不沿着铁路线步行前往工厂。原本身体羸弱、不知世间艰辛的我，却经历了这样痛苦难耐的事情。

令人意外的是，在那样一种状况下，原本非常痛恨学习的我突然开始喜欢学习。当时，工厂经常会遭到美军轰炸机的空袭，牺牲者常常就死在我的眼前。每次轰炸机空袭时，都会有空袭警报响起，以便让学生能够及时疏散到工厂外面去。每当这个时候，学生们大多都逃向野外或者进入防空洞。

唯独我逃向工厂旁边的一处木材放置场。我在堆积如山的木材间布置了一个我的“专用房间”，然后拿着英语书和字典一个人在那里学习。其实我随时都有可能死于空袭，学习起不到任何作用，可是不知为何，那时我却热衷于学习。

战争结束，重新回到正常的生活后，我又恢复旧态，对学习再提不起任何兴趣。可是战时的那种状态，我现在想起来仍然会感到惊奇。这让我意识到，人会根据环境的变化而产生极大的可塑性。

我现在依然保存着那本英语词典。其实我是个特别容易丢三落四的人，以前读过的书现在基本上都没能留下，只有那本词典依然保存完好。这本词典的书页曾经脱落，不过我又把它装订裱糊好了。或许我在潜意识中把这本词典看得很重吧。

总而言之，经历了残酷环境的考验，使我这个富家少爷拥有了一种难以言喻的自信。在那之前，我是一个缺乏自信的孩子，我清楚自己作为富二代的不利影响，总认为自己没办法独自做成任何事情，学习成绩也很糟糕。尽管我也可以发奋图强，努力改变自己，但是我实在没办法做到。像我这样的孩子，如果没有那一段被征募做工的经历，大概最终就只能是一个胆小怕事、不知世间疾苦的公子哥了。

我们没有办法重新体验那个时代，如何在富足的社会环境中正确教育和培养青少年，说实话，我也没有任何明确的想法。

稻盛和夫：现在的年轻人有必要体验辛劳

二战之前，日本实行的是征兵制度，不管是富裕家庭还是贫穷家庭的男孩，都要经历军队生活的磨炼。日本早已废除征兵制度，而韩国却还保留着这种制度。所以，尽管韩国现在也富裕了起来，与日本相比，韩国的年轻人却要成熟得多。有人指出，这种差异是由韩国的征兵制度造成的。

我们不可能因此就去探讨是否要在日本重新实施征兵制。我认为，真正重要的不是在肉体上让年轻人受到锻炼，而是在知识层面上让他们经受磨炼，使他们懂得自我控制的重要性。此外，还应该通过青年海外协力队等志愿者活动使他们认识到奉行善事的重要性。在学校的素质教育中，或许有必要为年轻人开设此类课程。

正因缺少上述历练，现在的年轻人才会做出“绑架并监禁少女长达九年”这种事情（1990 年日本新潟男子佐藤宣行绑架监禁一名九岁小学女生达九年两个月之久，直到 2000 年事发。佐藤宣行后被判处 14 年徒刑。——译者注）。这种异常行为就发生在我们身边，却没有任何人为此深思。之所以变得这样，是由于物质生活过于富足，整个社会逐渐失去了了解和学习什么是做人最基本原则的机会。从这个角度来看，前面说的恶性案件中的那位男性，因为事前没有受到过任何相应的教育，所以他本身也是一名受害者。

一个人刚出生时，如同一块璞玉，只有经过打磨，才有机会成为一名具有杰出品格的人。那么我们该通过怎样的方式打磨自己呢？我认为就是让自己经受“磨砺”。那些成就伟业的人，没有一个不曾遭受过磨砺。

明治维新的功臣西乡隆盛就是这样一个人。西乡隆盛一生经受过各种各样的磨砺，他因为触到了岛津殿下（西乡隆盛时代统治九州一带的大名——译者注）的逆鳞而两度被流放海岛。尤其是被流放到离鹿儿岛很远的冲永良部岛时，他被囚禁在风吹雨打的狭小牢房里，经受了极其痛苦的煎熬。

在这样逆境中，西乡隆盛从未放弃提升自我。他忍受各种苦难，通过阅读中国的经典古籍，以辛劳为资粮自始至终都在锤炼自己的人格。最终，西乡隆盛在离开流放岛时已经是一名具有高尚人格和卓越远见的英才，赢得了众人的信赖，成为推动明治维新运动的关键人物。

西乡隆盛的人生经历完好地诠释了：如何在遭遇磨难时通过努力来改变自己的人生。

面对苦难的时候，是被其打败而敷衍了事、轻易妥协，还是像西乡隆盛那样以苦为乐、不断努力。这是决定我们是否能够成长的关键。

中坊公平：
重建家中房屋，去除独立单间

通过参加志愿者活动让年轻人体验辛劳，不管这种做法在现实中是否可行，至少是一个很不错的思路。以我本人为例，在我十五六岁时，曾经有一年半的时间被征募到工厂做工。这段经历给我的头脑和体魄都带来了非常重要的影响，使我与从前的自己产生了“镀金”与“合金”的差别。

在现在这样富裕的社会里，如果缺少这种经历，就无法避免负面因素的日积月累。以我经营的旅馆生意为例，我们的客人，很多是修学旅行的学生。然而，到我们旅馆投宿的学生最近却在逐日减少，现在他们主要都投宿于酒店。因为一般酒店大多是单间，对带学生参加修学旅行的教师而言，

更有利于管理。

现代人很少有机会与大家同住在一个房间里，这原本是体验集体生活的一个良机。比如，有的人晚上睡觉打鼾，对其他学生来说可以成为一种不一样的体验。然而，现在的带队教师为了自身方便就剥夺了学生这种体验的机会。

前几天，一位建筑公司的老总对我说："现在修建的住宅都有很多个人单间，这种做法是不对的。"以前所有房子的中间都有一个围炉，全家人会围在围炉旁聊天交流。现在的住宅每人都有各自的房间，父母与子女之间变得缺少交流、甚至无话可说。因此，认为大家最好都有独立单间的想法其实是大错特错的。

除此之外，现在的学生参加修学旅行时，也都选择住酒店的单间。这种社会潮流使人与人接触的机会急剧减少，体验辛劳和磨砺变得越来越难，这实在是一件很不幸的事情。

在这样的社会状态下，不管是"17 岁犯罪"的主犯，还是"少女监禁事件"的主犯，在某种意义上他们也是受害者。所以我们应该从改变家庭观念开始，改变现在的生活模式。我们不能只把责任归咎于学校教育，同时有必要重新审视自己一味追求富裕和便利的生活方式。

之前已经反复讲过了，某种现象出现时，我们必须追根溯源。这样我们就不会单纯地指望通过推动表面的改革来改变现状，如修改教育基本法，而会清楚地认识到因家庭观念缺陷所造成的恶果，也会认识到让社会成员体验集体生活的必要性。如果不从“重建家中房屋，去除单间”开始入手的话，当前的种种问题是不可能得到有效解决的。

现在的教育打着“尊重青少年自主性”的幌子，成年人完全抛弃了自身应尽的职责，这就如同警察滥用“民事纠纷不介入原则”纵容犯罪。父母和老师都以尊重青少年个性为理由，采取放任不管的态度，这最终导致青少年们的价值判断标准出现扭曲。

更加令人忧虑的是，我们的社会现在不仅没有试图去遏制这种状况的蔓延，还变本加厉地助长个人主义情绪。以培养自主性为借口，对正处于成长阶段的青少年放任不管，还自以为是正确的选择。

我的律师事务所最近也遇到了同样的问题。我的律师事务所一共有十名成员，以前每天工作结束后，我都会带着全体员工到附近一家小面馆去吃晚饭。

由于我最近经常不在事务所，这个惯例就没有得到执行。有一次我去那家小面馆向老板娘打听：“老太太，我不在的时候，我们事务所的人还来你这儿吃晚饭吗？”得到的回答是

“不”。也就是说，只有在我去事务所上班的时候，大家才会一起吃晚饭，所有人都更在意私人生活，把家庭放到更重要的位置。工作一结束，马上就各自飞奔回家。

不仅在家庭中，成员们被一个个单间隔离开来，整个社会也存在这种倾向。为了追求经济效益，人们发明了流水生产线，通过分工来进行生产活动，最终形成了整个社会的“分工化”。

在这个过程中，我们忽略了物质与心灵的关系，将此视为必然，并不断推动和深化“分工化”，现在这种“分工化”已经渗透到了社会的各个层面。

稻盛和夫：
在集体生活中学习社会规则

老话经常说：“年轻时候要特意去吃苦”。从小开始，我的父母就经常把这句话挂在嘴边，这确实是一个亘古不变的真理。中坊先生就是一个很好的例子，作为一个富裕家庭的“阔少爷”，您原本连靴子都不会穿，可是在二战期间，因为学生强制劳动而被带到了常人无法想象的残酷环境中。如果不是那个时候的辛劳苦难，您后来的人生或许会是另外一副样子。珍惜劳苦这句话，现在同样适用。

然而在富裕的现代，正如我们已经谈过的，如何让年轻人体验劳苦反而成了一个非常难的问题。就如中坊先生指出的，让现在的年轻人们知道“人不能独自生存”同样是一个非同寻常的挑战。

以前，在一个集体里，大家都会主动参加各种集体活动，现在的情况却截然不同。员工对公司不再具有向心力，人们都在自己的房间中各行其是。但是，只有通过集体生活，我们才能真正学习到社会规则以及遵守社会秩序的必要性。反观当今日本，所有人都对集体生活产生了厌倦心理，即便它能够让我们学到有用的规则，这不仅会严重妨碍个人的健康成长，而且从整个社会的角度来看，也是一个非常严峻的问题。

中坊公平：
连孤独都失去了真正的意义

这不是说集体生活一定就完美无缺，在集体当中，个人会有遭到埋没的可能。在这个社会里，懂得孤独同样重要。所谓孤独，就是与自身灵魂的对峙。因此，我们必须拥有独立的价值判断标准。

有集体，才会有孤独的存在。当所有人各自为政时，孤独也就失去了意义。那么我们是否可以用“独立自主”的精神来解释孤独呢？其实并非如此。

孤独的关键在于“集体之中的个体”。如果我们过于强调“个体”，就会忘掉比之更加重要的“集体”。我们在现实生活中将经济效益放到首位，随着社会专业化和分工化进程的不断演进，进一步导致了个体间的隔离。

以医生为例，以前就算有所区别，不过是内科和外科之间的区分。现在就算同属外科领域，还要进一步按照心脏外科、整形外科等不断细分下去。由于专业化的教育，人们渐渐失去了综合判断事物的能力，甚至连孤独也失去了原来的意义。

从这个角度来看，就有必要从根本改变成年人的生活方式入手。光靠那些缺少生活实践、只会空谈的评论家的意见是无法让教育问题得到根本性解决的。就如京瓷的入职仪式，有必要推行京瓷集团对新员工实施的那种培训教育，这种教育如果等到进入公司才开始有些为时已晚，必须从更早的阶段进行。

稻盛和夫：
没有给予教师职业正确的评价，社会也应承担责任

重视集体中的个体的这种认识同样适用于对自由的理解。只有在某种制约条件下，自由才能得到保证。纯粹的自由会使人走入放纵的歧途。不管是任何事物，只有在与其相对概念的对立中才能够成立。

前面说到的伏见工业高中橄榄球队的山口教练，他在一个电视节目中提到了一段往事。

有一年，伏见工业高中来了一名从初中开始就恶贯满盈的学生，那名学生的恶名在京都的祇园界限一带无人不知，无人不晓。而且他体格健壮，平时完全是一副黑社会分子的做派。

那名学生的入学在伏见工业高中顿时引起了骚动，可是山口先生却把他招入了橄榄球队，直接与他相对。可正是这样一个坏学生，却成了一名优秀的橄榄球运动员，而且受山口教练的影响，自己最终也成了一名老师。

在那个电视节目中，当年山口教练球队的那些学生们现已年近四十，他们叙述了是如何通过橄榄球从山口教练那里接受各种各样的教诲的。如果不是遇到了山口教练，或许他们早就走上了歧途。那个“坏学生”也出现在了电视上，他无限感慨地说道：“我现在之所以也能够成为一名教育工作者，完全要归功于山口先生。”

教师是一个可以影响和改变一个人人生的职业，是一项“神圣的职业”。从事这项职业的教师应该为之倾注全部的心血和热情。然而自二战结束后，“教师变成了普通的劳动者”，这种扭曲的认识，主要错误并不在教师群体，而在容忍了这种理念的社会。所以我认为，我们在努力督促教师担负起应尽职责的同时，应进一步提高教师待遇，给教师这个重要的职业以正确的评价。

第四章

探寻事物的本质

中坊公平：表里不一的日本社会

一个人若想在社会上立足，就必须处理好场面话与真心话之间的关系。然而，现在的日本社会只剩下了场面话，我认为这也是导致老师和家长在对青少年进行教育时力不从心的原因。

在日本，那些敢于坦露真实想法的人往往会遭到排挤，导致所有人都只敢讲场面话。在这种氛围中，要想满腔热情地献身教育、指导青少年当然是件难之又难的事情。

就像日本的劳动法，文面上全都是华丽的辞藻，可是这些法律条款的真实目的却与文面内容大相径庭。

在日本，凡是善于见机行事，在场面话与真心话之间长袖善舞的人会得到周围人的肯定，那些只讲场面话不说真心话的人更是会被推崇备至。最近，田中真纪子（日本政治家，前日本首相田中角荣之女。——译者注）因为说了不少真心话而频繁遭到抨击和批评，虽然有的时候我们不能想到什么就说什么，但是仅仅因讲了一些真心话就受到批判同样也是一件不正常的事情。这也使日本社会成了一个大家都不肯说真心话的地方。对此，我认为必须加以改变。

稻盛和夫：
日本人很难与那些表里如一的民族打交道

场面话和真心话是分析日本人时的重要因素。

日本社会不是一个人们根据场合说场面话或真心话的社会，而是一个只有场面话、毫无真心话的社会。这种状况具有渊远的历史根源。前阵子我去参加了由京都造型艺术大学修建的京都艺术剧场的首次公演，观看了市川猿之助（日本著名歌舞伎表演家，京都造型艺术大学教授。——译者注）先生的电影。舞台上的江户时代武士们穿着肥大的礼服和裙裤，这就是一个代表着场面话的世界，武士们那身累赘的礼服既不方便行走，也不方便跪坐，实在是没有多少实用性可言。但是穿着那一身衣服在舞台上行走表演时，举手投足间的确有着非同寻常的华丽和潇洒。总之，武士服装唯一可取之处就是形式美。我认为这也反映了日本是个注重场面的社会。

事实上，这种形式美在远古的贵族们的世界中就已经存在了。日本平安时代宫女的礼服可以说是达到了形式美的极致。她们穿着厚重臃肿的服装想活动一下都非常困难，其价值就只剩下形式上的华美了。

然而，自古以来就只重视外在场面的日本，现在却需要在全球化的浪潮中与那些注重内在、表里如一的其他民族打交道，这就给日本社会带来了巨大的问题。每当看到当前日本社会的种种景象，就不得不令人对此发出感慨。

中坊公平：
只注重表面形式是金融机构垮台的社会根源

日本人在分析事物的时候，并不直指本质，而更喜欢从表面形式开始。甚至在相互打招呼的时候，也必须按固定的礼数进行，否则双方连对话都没法展开。之所以会这样，正是因为日本是一个不讲真心话、只说场面话的社会，政府机构就是典型。

表里不一可以说是日本永恒的政治状态，甚至连邪马台国（中国古书《三国志》的《魏志·东夷传》倭人条中记载的倭女王国名，被认为是日本国家的起源。——译者注）的女王卑弥呼据说也没有实际的政治权力，国家的权力完全在她的弟弟手中，女王只不过是一种形式上的存在。在之后极其漫长的日本社会中，天皇也同样只是一种象征，实际权力都掌控在贵族和武士手中。

这种权力形态至今犹存。在大多数日本企业中，最高领导人几乎不插手实际的经营活动。在企业工会里，书记长的权力往往也要大于委员长。不管从哪个角度看，日本永远都存在着形式与实质的区别。

可是现在日本社会却突然出现“在这个全球化的社会当中必须抛弃形式，实现自立”的声音，话是这么说，却没有人知道该如何去做。因此我认为日本人现在已经迷失了方向。尽管也能找到像稻盛先生这样的成功人士，可是绝大多数人却没办法像您一样，仍然需要依靠表面形式。

我在处理住专不良债权时亲眼目睹了日本最大金融机构瓦解的过程，深刻感受到住专和其他的大型金融机构都丧失了应有的道德规范。

金融机构原本应该依据人和项目，而非外在形式来发放资金贷款，然而日本的金融界早已习惯在政府的庇护和引导下采取行动，这就导致只依据表面状况来决定是否发放贷款情形的发生。这种做法不仅会给金融机构自身造成严重伤害，也会使整个日本因此遭受沉重的打击。

有鉴于此，我们有必要构建一个不仅注重形式，而且注重实质的社会，不要在表面上镀金，而要做货真价实的合金。

稻盛和夫：日本企业需要“和魂洋才”的经营方式

无论任何事物，其开创者往往不会执著于表面形式。他们总是能够基于独创的精神直插本质，并以此探寻事物的根源，然后再总结归纳自己发掘事物真相的过程和形式。最后，追随者才会通过模仿来进行同样的探寻。不管是花道、茶道，还是武道，在这一点上完全相同。

一方面，通过模拟形式得以观察到事物的真髓是一个不争的事实，并且从中还能够产生形式美。另一方面，如果只限于模仿形式的话，则无法完全触及事物的本质。形式上的模仿毕竟具有局限性，尽管如此，各个领域仍然有很多人醉心于表面形式。

当然，也会出现像棒球界的铃木一郎（日本著名棒球运动员，现效力于美国职业棒球大联盟西雅图水手队。——译者注）选手一样不去模仿他人，完全依靠自身创造来触及事物本质的天才。每当看到他的身影，总会让人感悟“世间真正重要的不是表面形式，而是如何才能直指本质”。然而现实中，能做到这一点的人却寥寥无几。

在日本社会，当一个人大胆说出真心话时，往往会被认为“不懂礼节”。就连街坊邻里间也是这样，缺乏真诚，只会讲些光鲜好听话的做法反会被认为懂得礼数。在这样的社会里，敢大胆讲出真心话的人会被轻蔑为“不知礼节的乡巴佬”。

在当今这个全球化的世界里，我们日本人才更像是“乡巴佬”，必须得去和那些“大城市”中的欧美人打交道。于是，只会说场面话的日本人就被世人认为“不太正常”。世界上有很多人认为：“从来不明确说‘YES’和‘NO’的日本人实在让人无法理解。”

把这个问题放到企业经营领域的话，那就决定着日本人的经营方式是否能够在世界范围内通行。迄今为止，日本人擅长的经营方式在世界其他地方基本上都无法推行。当年日本在泡沫经济最膨胀的时候，以金融和房地产为首的众多日本企业通过兼并和收购不动产的方式得以进入美国市场。但是，这些企业和它们收购的美国资产现在基本上都出现了减值，绝大多数早已退出了美国市场。现在只有制造业里还有一些日本企业，这些企业也无法确保充足的利润。总而言之，不肯讲真心话，只会讲场面话，连“YES”和“NO”都不能明确表达的日本人，要想在全球化浪潮席卷的世界经济舞台上展开活动是一个非常困难的挑战。

企业经营，原本就是在一个金字塔形的组织中位于上级者对下级发出命令，如果上级主管不明确表达意愿，清晰展现态度，那么企业作为一个组织也就很难实现应有的机能。

在京都有这样一个风俗习惯。黄昏后，如果到别人家做客待得太晚，主人就会开口问:“要不要一起来吃一碗泡饭?”对京都人而言，这句话的真实含义是：“你差不多也该回自己家了。”如果客人不知道这句话的真实含义脱口答应的话，就会遭到别人的讥笑。作为客人，必须时时觉察对方的真实意图，做出正确的反应，这样才会被认为是懂礼数。

这种习惯也说明日本人不仅不明确表示“YES”和“NO”，甚至说与自己想法相反的话，都要求对方揣摩自己的真实意图。这样的习惯，不只限于京都人，所有日本人都是这样。在全球化的潮流中，生活是如此复杂，只注重表面形式的日本人自然也就很难与那些表里如一的欧美人合作共事。

即便如此，我们也没法让日本人立刻就能清楚地说“YES”和“NO”，因此，找出能发挥日本人在漫长历史中形成的、能够在全世界范围内适用的具有普遍性的特征或许更重要。

总而言之，我们在学习欧美合理的管理体系的同时，有必要注重日本人在历史长河中形成的和谐精神和利他胸怀。“和魂洋才”的企业经营方式才是我们当前真正需要的。

我的亲身经历也恰好证明了这个观点。

大约在十年前，我收购了一家世界首屈一指的美国电容器生产企业。通过谈判，我们确定以股份交换的方式完成收购，对双方股票的交换比率也达成了协议。可是签约后没多久，对方却提出请求，希望变更股票交换率。

经过深思熟虑后，我决定完全接受对方的请求。企业并购就像婚姻，要尽可能地去满足对方的要求。没想到过了一阵子，对方再次提出了变更股票交换率的要求。

当时京瓷已经在纽约证券交易所上市，在我们即将签约的时候，市场股价出现了整体下滑，京瓷的股票价格同样也出现了下跌。于是那家电容器生产企业的经营者就向我们提出:“因京瓷的股价低于我们之前达成协议时的标准，希望能够变更股票交换率。”

我们的律师建议道：“不能接受这样的变更要求，对方完全是在得寸进尺，没有必要在乎他们的要求。”然而当时我的决策标准完全聚焦于一点，那就是如何让这项并购案获得成功。于是我决定再次接受对方的要求，因而这项并购案圆满地画上了句号。

这家美国公司的总部位于号称美国东部最保守的南卡罗来纳州。在那样一个地方，日本企业居然收购了美国的上市公司，我觉得当地人的反应可能不会太正面。

令我感到意外的是，在完成并购后，当我到这家工厂视察时，不仅企业管理层，就连最基层的员工都给予了热烈的欢迎。在那家工厂里有一些在二战之后因为嫁给美国大兵而移居美国的日本女性，在她们的帮助下，工厂员工还制作了一个写着“欢迎稻盛董事长”的日语横幅来迎接我。

从企业效益来看，这个并购案同样也是非常成功的。与并购时相比，企业业绩大幅增长，仅2000年4月至2001年4月的一年间，这家企业就实现了约2 900亿日元销售额，900亿日元税前利润的辉煌业绩。

数年前，美国的《福布斯》杂志采访了这家工厂的董事长，当时向他提出了这样一个问题：“许多日本企业在美国的并购行为都以失败告终，而你的公司在被日本企业收购后却获得了长足的发展，为什么你们能获得这样的成功?”

事实上，大约在我们实施这项并购案的十年前，曾经发生过这样一件事为之后的成功埋下了伏笔。

当时京瓷与这家美国企业缔结了技术合作协议，对方向京瓷提供相应的技术，京瓷基于对方提供的技术在日本进行垄断制造和销售。也就是说，这家美国企业只能在除日本外的国家销售这种产品。后来这家美国企业的经营者换了人，继任者就向我表示这个协议“不公平”。

当然，京瓷能够获得这种产品在日本市场的垄断制造和销售权，是因京瓷已经向对方支付了相应的代价。我们公司的其他高管都无法认同对方经营者的抗议，认为双方已经签了协议，并支付了相应的费用，不同意再做任何改变。然而我却认为对方的要求是合情合理的。

既然企业更换了经营者，企业的经营理念也会随之改变，我们必须理解对方企业改变主意，想要开拓日本市场的想法。换个角度来看的话，这个协议也确实存在着不公平的地方。

于是，我同意了对方变更协议的要求。我的这个决定使对方喜出望外，这家企业的现任董事长在《福布斯》杂志的采访中提起了这段往事，并说了下面这样一段话：

“当初我们试着提出变更协议，认为即便遭到对方拒绝也不足为奇，意外的是京瓷在没有要求任何补偿的情况下就一口答应了下来。这给我的印象是：京瓷是一家非常公正、通情达理的企业。后来双方在进行并购的时候，他们也完全接受了我们的要求，这就让我们对京瓷的信任感愈发强烈。我们的感受也传达给了基层员工，让他们对这个新东家从一开始就怀有亲近感，而这种亲近感在之后的企业经营中发挥了积极的作用。”

再回到最初的话题，我们不应一味追逐自身利益，而应处处为对方着想。只有这样，才能为自身带来真正的利益。我和中坊先生谈到的这些事情并非捏造，全都是我们在将近70年的人生旅途中亲身体验到的事实。我希望所有社会大众都能够理解这些事实中所蕴含的真谛。

中坊公平：
以化解的态度迎战对手更有利于解决问题

我参与解决过包括森永毒牛奶事件（20世纪50年代，日本著名奶业公司“森永”生产的奶粉中被发现含有砒霜。

这次事件造成了 130 人死亡，12 344 人留下终身疾患。——译者注）和丰田商事事件等一系列被认为是极端棘手的案件。曾经有一名小说家向我询问：“你妥善解决这些事件的诀窍是什么？”实际上，在处理这些问题时，我确实有意识地运用了一种特别的方法。

我参与解决的这一系列事件，全部都是冲突双方存在着严重的对立，陷入一种互不相让的状态。每当遇到这种状况，想要让问题得到妥善解决，就必须运用“化解”的手法。

我之所以会想出这个办法，实际上是从一件最简单的事情上得到了启发。我们在和别人掰手腕时，最后几厘米是非常容易扳倒的，然而要想将对方手腕扳倒至这数厘米却要使出很大的力气。也就是说，不管是任何争斗，要将对手逼入最后的困境都需要付出极大的努力，而且往往都不会立竿见影。

摔跤时如果我们想要摔倒对方，就不能让他的背先着地，如果我们试图让对方的背先着地，必须费很大的力气将对方按下去。这种摔跤方式容易诱发对方强烈的反抗情绪。

这种时候，如果我们不是一门心思去把对方按倒，而是趁对方不备顺势一带，对手必然会往前扑倒。对手以这种方式倒地时，反而不容易激起他的反抗心。

我在处理任何事情的时候，都将这一点铭记于心，永远不会试图以自己全部的力量去把对方打倒在地，而是寻找能够将对方往前带倒的时机，好让对方向前扑倒。通过这种方式往往能够让问题得到解决。

因此，我们解决问题的关键在于使用的方式。在解决丰岛诉讼案时，我采用的就是这种做法。2000 年 6 月 6 日，我们与香川县政府达成最终协议，县政府满足了我们的要求，向丰岛居民做出谢罪。当时，香川县知事为此亲自来到丰岛，向当地居民承认错误并道歉。这个结果让丰岛居民非常高兴。当晚，他们与律师团一起举办了庆祝宴会。

我们所有人都在公民会馆开怀畅饮直到午夜。这时我突然意识到这样是不行的，马上向在场的众人说道:“大家现在很开心，但是你们却忘记了一件非常重要的事情。”大家听了都不以为然地说:“中坊先生，您是不是又要开始说教了?”我立刻否认道:“不，这不是说教。”我接着对他们说，

“今天县知事亲临丰岛向大家谢罪，这场官司也算就此了结了。但是大家必须清楚，接下来我们还有一件非常重要的事情要做，就是向县知事表示感谢。你们大家明天早上九点半之前都到县政府知事办公室去等候知事。大家都在县政府前示威抗议过，具体怎么做应该都很清楚。为了能在九点

半之前赶到县政府，必须坐早上六点的渡船，因此各位不能再继续喝酒狂欢下去了。

这种情况律师没有必要同去见县知事，但是如果你们大家把县知事当作自己的‘父母官’，就应该去向他道一声谢。不这样的话，说不准他心里会有什么不满情绪。虽然县知事专程来到岛上向大家谢罪，但是心中多少还是会有一些想法的。你们大家也都清楚，向县知事表示感谢这件事不会得到媒体的报道，但也一定要去做。”

第二天早上，丰岛居民按我说的一起去了县政府表示谢意。接见他们的县政府知事向大家表示：“对于丰岛，其实我一直都挂在心上。”他告诉大家他曾经登上高松市（香川县政府所在地——译者注）内的一座山，朝着丰岛的方向眺望。在场的丰岛居民都表示：“我们也到知事眺望我们的那座山去看过。”居民们的这句话令县知事当场泪流满面。

打败对手其实不是真正的胜利，将对方逼入绝境必然会引发对方心中的怨气。单方面的压倒性攻击，只会使争端演化成像科索沃战争那样充满仇恨、势不两立的冲突。

作为指挥官，在战斗中永远都要留意这一点，不要过于咄咄逼人。如果凡事都不做好谋算，随心所欲、一意孤行的话，最后必将招致失败。

总之，当确定自己能够获胜时，“适可而止”至关重要。这种做法并不意味着妥协，而是有助于问题解决的正确之道。

稻盛和夫：以“适可而止”赢得庄内藩人心的西乡隆盛

中坊先生提到的获胜“秘诀”其实并非真的是什么秘诀，我认为这是一种与人的本质相关联的方法。用佛教的话来说，只有拥有“慈悲心”才能做到这一点。

律师这种职业，就是要在诉讼中获得胜利。在进行诉讼时，律师当然应该全神贯注地采取攻势策略。然而在即将获得胜利时，却没有必要置对方于死地，应该向对方释放一定的善意。这种做法不仅能赢得真正的胜利，同时也能彰显中坊先生灵魂的高尚。

您在诉讼胜利后让丰岛居民向县知事表示感谢，这个往事让我不禁想起了明治维新时的一段传奇。在维新战争时，政府军一直将幕府军追杀至日本东北部，当时以萨摩军为主力的政府军队向现在的山形县所在的庄内藩发起了总攻。

战斗以政府军的全面胜利告终。当杀气腾腾的萨摩军士兵正准备进入庄内藩主酒井统治的城市时，西乡隆盛却收缴了萨摩军士兵的所有武器。也就是说，作为失败者的庄内藩士族们都还佩戴着武器，可是作为胜利者的萨摩军却在赤手空拳的情况下进入了城市。

西乡隆盛之所以要这么做，是因为他考虑到萨摩军的士兵们刚刚在战斗中获胜，杀心尚未平息，在这时候让他们进城，很有可能会胡作非为。这就有可能把失败的庄内藩士族逼到绝境，最终导致严重事态的发生。所以西乡隆盛才会向政府军首领村田新八（1836—1877，日本明治时代政治家，日本维新三杰之一西乡隆盛的学生和追随者。——译者注）下令收缴了政府军的武器。

庄内藩是抵抗政府军的东北各藩中最后的一支劲旅，庄内藩的人都以为既然输掉了战争，一定会遭到政府军严厉的处罚。出乎他们意料的是，对方却是赤手空拳入了城，并且政府军还向庄内藩宣布："你们大家都是为了效忠幕府将军才拼命抵抗的，如果是我们的话，也会选择和你们一样的决定。"因此庄内藩的所有成员都没有受到任何追究和惩罚。

西乡隆盛的这种做法动摇了庄内藩士族们内心的敌视，最终，不仅使他们心中的仇恨烟消云散，很多人甚至成了

“西乡粉丝”。血战到最后的庄内藩和萨摩藩武士原本会成为不共戴天的死对头。可是最后，包括藩主酒井在内的所有人都对西乡隆盛产生了无限的景仰。

多年之后，在西乡隆盛过世后，出版西乡隆盛遗训集的并不是西乡隆盛领导的萨摩藩人，而是庄内藩人。在明治维新成功后，西乡隆盛辞去了政府职务，下野回到了鹿儿岛，创办了一所私人学校，开始了对青少年的教育。当时，很多庄内藩士族追随他来到这所学校就读。西乡隆盛死后，这些庄内藩士族把西乡隆盛曾经说过的话集结到一起，出版了《南洲翁遗训》一书。后来萨摩人也是利用这本遗训集来宣扬和传播西乡隆盛的思想。

尽管西乡隆盛最终在西南战争（日本明治十年 即1877年2月至9月间，由西乡隆盛领导的鹿儿岛士族对明治政府发动的一场反政府叛乱。因鹿儿岛地处日本西南，故称之为“西南战争”。——译者注）中兵败身亡，但是在开战的时候，有不少庄内藩的士族成员听到消息后连夜投奔到了西乡隆盛的麾下，将自身的命运与西乡紧紧联系在一起。

总之，不给对手留任何余地，一心大获全胜的做法只会引发仇恨与不满；而在确保胜利的同时给对方留下余地的做法，不仅不会导致对方产生仇恨与不满，反而会赢得对方的尊敬。

我年轻时，在就任京瓷总经理前也有过类似的经验。当时，京瓷与一家规模远远超过自己的企业展开了竞争，后来那家企业（以下简称A企业）主动提出了合作意向，希望双方不再进行竞争，而是进行合作。

在那之前，我们两家企业不管是原料采购还是产品制造都是各干各的。这种经营模式导致两家企业在一个狭小的市场里展开了恶性竞争。有鉴于此，我们通过协商约定，以后由A企业生产原料，将生产原料销售给京瓷，京瓷生产出最终产品后，再由A企业负责销售。

当我们根据协议实际运作后却发现，这种合作模式又产生了新问题。京瓷依照A企业的销售人员从客户那里得到的反馈来设计和生产产品，然而这些产品在客户那里却产生了各种各样的问题。于是客户就通过A企业向京瓷提出了投诉。

京瓷是在与A企业的营销部门经过充分沟通和协商的基础上，按照他们的要求生产出相应产品的，就算发生了问题，也应该属于A企业的营销部门与客户之间的问题，与京瓷无关。可是A企业却认为：产品是由京瓷生产的，问题就应该由京瓷来承担。A企业以此为理由回避自身责任。就在我们对此进行交涉和争议的过程中，客户退回给 A 企业的货物不断积压，最终造成了巨额损失。对此感到棘手的 A 企业的老总就来跟我商量：

"不管责任在哪一方，继续这样踢皮球也无济于事。我们公司现在因为背负过多的退货，伤透了脑筋。希望京瓷能把这些退货都承接下来，作为补偿，今后我们会把产品的销售权转让给京瓷，我们就只负责原料的生产，销售完全由京瓷方面负责，我们不再插手。"

对于对方的这个提议，我进行了一番思考。当时京瓷才创立四五年，资本金只有 300 万日元。而对方积压退货的总额达到 1 000 多万日元。如果答应对方的要求，京瓷就可以获得产品的垄断销售权，这一点对我们具有极大的诱惑力。可是需要承担数倍于公司资本金的积压退货，这种做法是一个很大的赌注。

当时我的想法是，对长期给我们提供帮助而现在陷入困境的 A 企业，首先，我们应该伸出援手。其次，尽管我们暂时会承受很大的负担，但从长远来看，获得产品销售权对公司发展极为有利。于是，我决定接受对方的提议。当我与当时的专务董事商量这件事时，对方却批评我道："稻盛君，你脑袋是怎么想的？要是我们接手这么多退货的话，公司的麻烦可就大了。”然而，为了公司将来的发展，我们必须吞下眼前的这枚“苦果”。我以此为理由说服了专务董事，达成了这笔交易。后来，这种产品的市场获得了爆发性的增长，给京瓷带来了巨额利润。

A企业的退货积压问题得到了妥善解决，从而避免了巨大损失，并使相关产品原料的生产销售得以维持。这件事同样证明了，如果只追求眼前利益，往往会给我们造成更大的损失。

中坊公平：
判断时应力求避免的“3K”

作为一名律师，我始终坚持这样一种观点：如果这里有一张纸，观察的角度不同，结果往往也会不同。

举例来说，就算是那些反对扩大律师队伍规模的律师，他们并非没有良知。他们之所以反对我的提议，是因为他们的视角过于狭隘。如果他们认为我的想法“过于偏颇”，那是因为他们只看到了纸的一部分。假如他们能够将视野扩大，就会发现我的观点恰好处在这张纸的正中央。所以，我们在做判断时，必须以足够广的视野进行观察。

正如稻盛先生刚才回忆的那段往事一样，“接手大量积压的次品只会产生负面影响”这种观点，如果以更加广的视野来看，就是一种过于狭隘的判断。我们在做判断时，重要的一点就是我们是否能够把视野打开，发掘事物的本质。

开阔视野来源于对漫长的历史的探索和思考。通过对迄今为止的人类历史的探索以及人类社会未来发展的展望，我们就能得到价值判断的标准。很多时候，狭隘视野所做出的判断是经不起广阔视野的检验的。

我们需要留意的一点是，并非站在广阔处便能够获得广阔的视野。抽象思维无助于我们获得大视野。我所从事的全都是实践一线的工作，往往会被认为所知所见都极其有限。事实上，只有通过一线实践我们才能真正发现广阔的天地。

我以前经常说的“上帝总是隐藏在实践之中”所表达的就是这个意思。我们视野狭小，是没有认清实践一线全貌的缘故。如果我们对实践一线能够深刻认识和了解，那么视野自然就会拓展开来。

现在人们把“肮脏、辛苦、危险”的工作统称为“3K”工作（这三个词在日文发音中的第一个字母都是“K”。——译者注），在观察实践现场时，我认为还存在着另外三个“K”，如果我们无法避免这三个“K”，就无法抓住事物的本质。

第一个“K”是“感伤”。被感伤蒙住的双眼根本无法看清事物的真实面目，情绪化的观察和认为世事无常的想法只会削弱我们发掘真相的能力。第二个“K”是“过去”。当我们过于执著于过去的经验时，就使我们无法直视眼前的问题。第三个“K”是“观念”。如果不了解现实而完全沉浸于头脑中的抽象思维，就会导致我们的视野变得狭隘(这三个词汇在日文发音中的第一个字母同样都是“K”——译者注)。

当我们成功地避开以上三点，直接观察现实情况时，就会发现上帝的身影。当我们再把视野的基点置放于此时，便可以基于广阔的视野进行价值判断。

我之所以有这种认识，很大程度上得益于我与他人的交往。在不断与他人打交道的过程中，我不时地会有醍醐灌顶般的感触。

坦率地讲，作为一名律师，我的客户并不多。然而，我与客户之间的交往却会延续数十年的时间。正是通过与客户的交往，我学到了许多东西。就在前一阵子，我听到了这样一个说法。

在我就任住管机构社长职务时，一位曾经担任过日本大藏省事务次官（相当于副部长——译者注）的官员偕妻子来京都游览。对方曾经在日本政府的驻伦敦机构工作过三年，因此结识了欧盟的秘书长。那位欧盟秘书长卸任后的人生轨迹令他感触颇深，他对我说："中坊先生，日本还是与其他国家存在着很大的差距啊。"

原来，那位欧盟前秘书长后来居然选择去做了一名牧师，还是级别最低的牧师，所以他在行动上要受到各种束缚，难以自由行事。直到最近，他的级别才稍稍提升了一点，终于可以有一些自由了。

如果是在日本，某位曾经担任过欧盟秘书长的人在卸任后，一定会转任到某家大公司去做高管，从事轻松但收入丰厚的工作。从这一点上看，日本与欧洲有着天壤之别，足以令我们感受到惊人的差距。

我从朋友那里听到过很多这样的事情。正是这些信息帮助我拓展了视野。当然，也许正因我一心想要拓展视野，所以才会遇到各种各样的人，得到各种各样的信息。当我们心里怀有拓展视野的强烈意愿时，就必定会有人来帮助我们实现这个心愿。或许这就是所谓的"心有所感，事有所应"。

稻盛和夫：
非晶硅的发明在于实践现场的仔细观察

在从事技术研发工作的过程中，我也同样感受到了中坊先生所说的“上帝总是隐藏在实践之中”这句话的道理。京瓷现在生产的产品里包括激光打印机，在激光打印机研发领域我们面临众多竞争对手，而且我们还是进入该领域比较晚的企业。

尽管如此，京瓷却在这个领域发展迅速，获得了丰厚的经济效益。我们成功的根源就在于非晶硅这种原材料。激光打印机的核心部件是感光硒鼓。京瓷研发出来的激光打印机的感光硒鼓所使用的材料是非晶硅，全世界仅此一家。

由于使用了非晶硅材料，我们的激光打印机的感光硒鼓的耐久性获得了大幅度的提高。普通打印机的感光硒鼓在打印了两到三万页后就会因磨耗而必须进行更换，而我们的感光硒鼓即便是打印了30万页依然不会产生磨耗，无需进行更换，这就使得打印机产生的废弃物大幅减少，因而被评价为有助于环境保护的打印机。在环境意识非常强的德国和澳大利亚等国家，我们的打印机被认定为“环境友好型打印机”，在环境保护呼声日益高涨的市场中实现了亮眼的销售成绩。

研发这种使用非晶硅材料的感光硒鼓是25年前的事了。当时，我们公司在鹿儿岛的研究所与大学研究人员合作进行这项研发工作，尽管研究团队在某些方面取得了一定的进展，可是每次貌似就要成功的时候，却又得到相反的结果，始终都无法获得实际性突破，整个研发工作陷入了重重困境中。

最终让我意识到，产生这种问题的原因或许是研究人员观察能力不足。当时，非晶硅研究在全世界刚刚起步，找不到任何相关文献，我们只能在不断的试验中进行摸索，相关研究人员必须观察到试验过程中的每一个现象。

非晶硅材料的感光硒鼓，简单地说就是在铝管的一侧安装电极，然后在硒鼓与电极之间制造辉光放电现象，接着往铝管中注入由硅原子和氢结合生成的硅烷气体，而这种气体会再次分解成硅与氢，分解出来的硅就会附着在铝管表面。这种方式被称作化学气相沉积法（CVD），也就是通过放电分解气体，从而在硒鼓表面形成极薄的皮膜。

这种皮膜的厚度只有数微米，需要数小时才能完全附着在铝管表面，想要一直观察其状态是一件非常困难的事情。但是只有通过仔细观察才能够发现皮膜覆盖在铝管上并着色的全过程。

由于气体的流动以及放电所产生的热的影响，皮膜颜色的变化会出现差异，并且皮膜的厚度也不一样。因此仔细观察全部变化过程是探究非晶硅性质的关键。

有一天，当我出差到鹿儿岛，半夜路过研究所时，却发现研究员正在辉光放电的实验室里打瞌睡。我想他大概是太疲劳了，所以就没去叫醒他。等了 30 分钟，那名研究员依然没有醒来。看这样子，如果我置之不理的话，他大概就要一觉睡到大天亮了，到那时再进行观测的话，自然会得出失败的结论。也就是说，这些研究人员根本就没有认真去做最关键的观察工作。按照这种工作态度，花再长时间也不可能取得突破。

于是我当场叫醒了那名研究员，对他进行了诚恳的说教。天亮后，我把来上班的其他研发团队成员全部召集到一起，给予了同样诚恳的激励。然而半年之后研究却依然没有进展。

我意识到不能再容忍这种状态持续下去，就决定从京瓷在滋贺县的工厂找一名理想人选来负责这项研究。并且我不是将这名新负责人派驻到鹿儿岛的研究所，而是把鹿儿岛的试验设备全部搬运到了滋贺的工厂，同时大规模更换了研发团队成员，启用了大批新人。公司管理层认为：我的这种做法“不仅转移设备搞得兴师动众，连整个研发团队都做了大换血，这实在是有些大动干戈”。然而，仅仅只花了一年的时间，这项研究工作就实现了突破性进展。

细究成功的原因我们就会发现，即便是那些具有划时代意义的研发工作，仍然需要依靠踏实细致工作的日积月累。后来组建的新研发团队就能认真观察实验时所出现的各种变化，并根据这些变化循序渐进地改良仪器。正如中坊先生所指出的，成功必须依靠实践中的踏实细致的积累。正如“上帝总是隐藏在实践之中”这句话所表达的，即便是进行最尖端研究，也只有在实践中才能够获得真知。

由于有过这些经历，我从年轻时开始，就会经常深入实践一线。即便是今天，在实践一线我一眼就能发现问题。如果工作现场稍稍出现混乱，机械设备无法保持整洁的话，我马上就会意识到整个工作现场的协调出现了问题。

当我经过一个设备旁边，一旦听到任何异响，就会立刻警觉起来，马上找来相关负责人训斥他们：“难道你们没有听出设备声音有异响吗？你们不知道这些异响是设备发出的申诉吗？”

前阵子，我乘坐公司专车行驶在名神高速公路上，我听到汽车的声音和以往有所不同，就问司机：“你不觉得汽车发出的声音不正常吗?”司机回答我说:“没有什么不正常的地方啊。”于是我就说:“怎么会没有不正常的地方呢?一定有什么地方出了问题。”司机这才想到:“也许是因为昨天汽车爆胎，换了轮胎的原因吧。”听到这里我对他说:

“那你是不是只换了一个新轮胎?这就破坏了整辆汽车的平衡，引起了微妙的震动变化，才会让汽车产生异常的声音。”

后来司机去4S店再做检查时才发现，果然是轮胎之间的协调出现了问题。我之所以能够发现这样的问题，要归功于自己年轻时总泡在工作现场，沉浸于各种机械。即便是到了70岁，在实践一线培养出的这种感性能力却依然不减，让我能够感知到像汽车这样的机械设备的声音规律。

中坊公平:
探寻本质，确保事物向正确方向发展

我也曾经听到有人说过,“越是要求创造性的事物，就越是需要一双敏锐的眼睛”。简单地说，就是只有提高声音才能让人听得清楚，只有放大尺寸才能让人看得清楚。

那些真正具有创造性的事物往往只会发出极其细微的声音，或者只会在一瞬间闪现出真容。因此，探寻本质的关键就在于我们是否拥有捕捉这些细微变化的眼睛和耳朵。

这样的声音或者现象往往不会在表面显现出来，只会偶尔象征性地稍显端倪。如果我们不能抓住这一瞬间的显现，顺藤摸瓜追根溯源，就会与其失之交臂。这种能力与针灸师把针插入穴位一样，不通过亲身实践，就无法真正掌握这门技术。所以不管你读了多少本书，永远不会真正明白声音的差别。

我认为所谓的指挥官，就是常常深入实践一线，可以感知到设备声音差别的人。

我在实践中，一直都在思考如何探寻事物的本质。认为可以通过不断改善现状的途径来实现最终目标的那种想法完全是无的放矢。我们必须先确立目标，然后再去发掘实现这些目标所必需的要素。与这种方式相反，依靠现有状况判断事物的做法很多时候只会让我们步入歧途。

在我们实现目标的过程中，总是会遇到一些无论如何也无法成功的状况。每当这种时候，当我们感到茫然时，就应该一边期待能够获得神灵的援手，一边不顾一切地朝目标奋进。这种时候，我们最需要的就是勇气。

就比如当初我们之所以要在丰岛展开群众运动，目的是想获得香川县100万县民对于丰岛问题的支持和声援，以此来迫使县政府改变态度。为了让香川县100万居民了解事情的真相，我们决定在香川县的五市三十八町（日本的基层行政区划，相当于中国的镇和街道。——译者注）展开“百处巡回运动”来进行宣传和说明。当我们真正开始进行这项运动后却发现，实际效果与我们当初设想的差之甚远，甚至有的时候在一个地方我们最多只能吸引到三个人来倾听我们的宣传。按照这种状况，无论如何都不可能将我们的诉求传递到100万香川县民的心中。

这种状况导致我们开始对这场运动的意义和效果产生怀疑。现在看来，这场运动确实没有起到预期的作用，但作为我们在小豆岛（濑户内海中的第二大岛——译者注）进行入户宣传的成果，丰岛诞生了明治时代以来的首位县议员。

我们最初在小豆岛挨家挨户访问时，并没有意料到这个结果。我们向当地居民解释丰岛问题的真相，不知不觉中培养出了大量的选举活动人员，这些人全都在之后的选举活动中大显身手。

在我最初要求丰岛居民到小豆岛展开入户宣传的时候，如果能想到之后的选举，并有意识地为之埋下伏笔的话，或许可以说我有先见之明。不过遗憾的是，当时我根本就没有想到这一点，后来在县议会选举中获得这个结果完全出乎我的意料，有这样的结果需要感谢的是“上帝那双看不见的手”，而不是我的能力。

当我们心中怀有坚定信念，并为之不懈努力的时候，事物的本质自然便会显现在我们面前。这就好比我们意识到“上班迟到者很多，这种状况必须予以改变”时，迟到者不会就因此减少。

为什么会有这么多迟到的人，一定有它内在的原因。迟到者人数众多说明组织的士气出现了低迷。如果我们不去找出士气低迷的原因，就无法从根本上消除迟到现象。

这里必须注意的一点就是，很多时候，敌人并非来自外部。在我经历了一些事之后，才会有把握确认，敌人往往就在我们内部，存在于我们每个人的意识之中。这种敌人地位越高，就越是危险。如果一个组织中的下层成员存在缺点，上层成员能够对此进行监督和控制。可是当上层成员出现问题时，往往就会导致上梁不正下梁歪。因此，组织中位居高位者的认识和观念是非常重要的。

稻盛和夫：
首先描绘出目标理想，才能克服一切困难

中坊先生刚才提到您是一个先树立正确的理想，然后朝着理想全力前进的理想主义者。在这一点上我和您完全一致。

如果只专注于现状的修修补补，必然会歪向省心省事的方向。当我们在前进的路上遇到阻碍，无法继续前行时，就会马上掉头寻找其他可行的路径。这时，如果前方的道路出现分岔，我们选择的往往不是正确的道路，而是容易的道路。或者像个没头苍蝇，随便看到哪个路口便不顾一切地走上去。

在不断调整自身方向的过程中，我们往往会与最初的目标渐行渐远。我们也会因固守修修补补的意识而满足于暂时的进步。就算最终无法抵达预期目标，也会认为自己已经付出了努力，并为此感到满足，就此止步。在这种情况下，我们停下来的地点往往远离了真正的目标。这是我们都容易陷入的状态。

如果我们一开始就树立了正确的理想，那么不管遇到任何阻碍都能够百折不挠地勇往直前。我经常用登山运动里的

“垂直攀登”这个术语来说明这种人生态度。只有当我们清楚地看到山顶时，才会勇敢地挑战险峻的山崖，产生超越一切障碍向上攀登的力量和勇气。

中坊公平：每个房间之间的差异都很小的旅馆才是好旅馆

我把这种人生态度称作“理念先行型”，与之相反的是“行动先行型”。正如您所说的，行动先行型的做法会不断偏离最初的目标。因为我们会有很多理由来进行自我说服和安慰，进而选择轻松易行的道路，走向错误的方向。

刚才我提到在观察实践一线时必须避免“3K”。这是因为“感伤”和“过去”往往会导致我们无法直视眼前的问题，即便我们没有任何私心，最终也会偏离原来的目标，离正确的道路越来越远。

如果我们选择“理念先行型”的人生态度，虽然会遭遇巨大的困难，也会引发反对者的责难，或许还会造成自身的失态。我们不仅会被讥讽为“不切实际的理想主义者”，而且还会产生极大的精神负担。即便如此，依然要先确立明确的目标，然后寻找实现目标所必需的要素，朝着目标一路向前。

这就和经营旅馆一样。当前日本的旅馆业正面临着各种各样的问题，我感到时代发展正处于一个转折关头。以前的那些有利因素现在全都变成了不利因素。即便如此，依然存在着不变的地方。

与稻盛先生的公司相比，我经营的小旅馆不足为道。但是我仍想在这里谈点我在经营旅馆过程中的所思所感。

对以前那些参加修学旅行的学生而言，选择投宿我经营的旅馆的一大好处就是，一所学校能够单独租断一家旅馆。整个旅馆都被一所学校包租了，老师和学生也就不需要在意其他客人，这对学校的学生管理比较有利。

我是在昭和五十一年（1976 年）从父亲手中接过这家旅馆的。在那个时代，很多学校一个年级有四五百名学生，但是京都大多数旅馆仅能容纳两三百人，如果一个学校有四五百人来京都修学旅行的话，就不得不分两处旅馆住宿。而我们旅馆却能容纳一个年级的所有学生。

随着时代的变化，日本出现了少子化现象，学校人数不断减少，一般一个年级只有两三百名学生。这就使得我们旅馆不得不一次同时接纳两所学校的修学旅行学生，然而，校方对此却会产生抵触。也就是说，客容量大这个优势现在却变成了劣势。时过境迁，我的旅馆——御殿庄的销售额不断下滑，迫使我进行了根本性的变革。

当时我们想到的是把御殿庄改造成两部分，大门分做两处，名字也做相应地改变，让人看上去像是两家旅馆。作为律师，我自然会想到这种做法一旦被发现，那我们就要有麻烦了。当时最大的障碍是澡堂。吃饭问题还比较好解决，只需要把开饭时间错开即可，但是澡堂却不能如法炮制。

于是我决定增设为四间澡堂。这样一来，就算两所学校的学生同时入住，所有学生也都能同时入浴。可是增设澡堂就意味着减少客房，我的旅馆只有 69 间客房，如果减少客房的话，就会给旅馆的收入造成很大的影响。但是我认为即便如此，也比造假强。所以最后还是增设了澡堂。

然而最近，参加修学旅行的学生进一步减少，我们不得不开始接待散客。正当我思考对策的时候，却突然接到了日本经济新闻社的电话。

御殿庄的最高收费是一人一晚再加两餐 12 000 日元。一般每间客房住两人，必要的时候可以增加到三人。这样的话，一间房子就能带来 36 000 日元的收入（日本酒店旅馆是按照人头收费——译者注）。日本经济新闻社打电话来想要长租三间客房，并且会事先付清一切费用。如果一周之前没有提出预约，我们还可以把这些房间随意处置。

从旅馆经理那里听到汇报，刚开始我还心有疑虑，因为像日本经济新闻社这样的大公司打来这样的电话实在有些奇怪，我不得不怀疑其中有诈。对方不来调查一下就在电话里做出决定，这非常不合常理。于是我要求对方亲自到我们旅馆考察一下，然后双方再进行协商。

没想到这件事居然是真的。日本经济新闻社会之所以以如此优惠的条件来租断我们的客房，是因为他们公司原本在京都拥有自己的员工疗养院，但是因为不划算，于是就决定关闭疗养院，租借其他旅馆作为替代。由于御殿庄是日式旅馆，费用又很便宜，才在候选旅馆中脱颖而出。

现在日本经济新闻社手册上都标明了作为员工疗养设施的御殿庄的电话号码和地址，他们的员工只需要支付 5 000 日元就能够得到公司的补贴来住宿我们 12 000 日元的房间。虽然现在我们不容易吸引到修学旅行的学生，不过作为替代，我们开始向日本经济新闻社这样的企业客户提供服务。

为了顺应这种变化，最近我们进一步增加了澡堂的数量。现在男女澡堂各新增一个，总共达到六个。尽管在每间客房里都有独自的浴室，但是小浴室很难得到大家的青睐，所以我们选择新建柏木大澡堂。

在竞争如此激烈的时代，如果不想方设法努力生存下去，任何旅馆都会倒闭。假如不能保证不断注入投资，改进旅馆设施设备，将无法吸引到客人。御殿庄目前正在尽一切力量进行这方面的改进。

在当前这种经济低迷状况下，我们能做到这一点，很重要的一个原因就是我们能够确保现金流。自我从父亲手中接手这家旅馆后，御殿庄每年都能确保 1 亿日元以上的利润。这就使得我们手头能够持有超过年营业额的现金。我们一年的营业额大概是 12 亿日元，手中的现金大概是 17 亿日元。

在这个超低利率时代，把钱存在银行里得不到多少回报，与其如此，考虑到未来的发展，我们把资金积极地运用到了改进设施上面。

在调查过各种各样的旅馆之后，我终于意识到，一家好的旅馆就是客房间差异不大的旅馆。也就是说，既没有特别豪华的客房，也没有特别简陋的客房。不刻意区分客人贫贱富贵的旅馆才是真正舒适的旅馆。

有鉴于此，我们旅馆从来不使用特别高级的餐具，也会把住宿费用控制在 12 000 日元以下。并且所有客房，我们都力争完美。简单地说，就是把普通客房标准提升，把豪华客房标准降低。然后再向客人提供两到三种恰到好处的菜肴，自然便能赢得客人的欢心。

当然，把客人的消费限制在一定水平，不面向高层次消费客人的做法也会带来遗憾。我给自己这家旅馆的定位就是走低价路线。价格虽低，但客房必须做到整洁舒适。如果我们不通过这种方式把自己和其他高级旅馆区别开来，把制胜的关键放在不同地方的话，是无法在激烈的竞争中幸存下来的。

第五章

现在迫切需要“知足”理念

中坊公平：
丰岛的群众运动让我感受到了“神灵”的存在

在稻盛先生撰写的《愣头青的自传》中有这样一句话：“心无所愿，事必不现”。这是那本书给我留下印象最深的一句话。

在这个世界上，有一些我们用眼睛看不到的存在，我不知道该把这些存在称为“神灵”还是“自然”。换而言之，这种存在超越了我们的智慧和认知。对于这种存在，我们能够大致感知并将其定义为“道理”或者“道”，然后我们会努力向这种存在靠近，在这个过程中，这种存在会不知不觉地向我们靠近。虽然我不知道应该用何种方式来召唤这种存在，但是事后回首时我们总能感觉到这种存在的靠近。稻盛先生在书中写到，您是在和他人的交往中感受到这一切的。

我和您一样，也是在处理丰岛工业废弃物违法倾倒事件的过程中感受到了这种存在。当时为了清除岛上的废弃物，我发动丰岛居民掀起了群众运动。在那场群众运动期间，为了表示抗议，我让丰岛居民在香川县政府门前持续示威了半年左右的时间。

其实最初提出这个方案的是丰岛人自己。我只是对这个提案予以了肯定，并要求他们立刻实施。最后拍板的我并没有参与丰岛居民的示威活动，只是时不时去现场看一下。每次我出现在示威现场时，都会令在场的示威群众喜出望外。那些示威者大部分是老年人，每次看到他们的身影，都会令我感到心碎。

这是因为，虽然大家站在那里示威抗议，最后却不一定能获得胜利。即使这样，在寒冷的日子里，他们仍然坚持站在那里，没有退缩。这些站在县政府门前的老年人毫无疑问需要忍受极大的寂寞和煎熬，我只想能够早一天结束，让他们回家。然而，如果在这个时候放弃的话，之前的努力就没有任何意义。所以只能继续坚持和忍耐。

关于丰岛问题，事实上香川县政府和当地居民曾经在 1997 年就各自退让一步，达成了和解，决定在丰岛内将废弃物焚毁处理后再全部运出岛。然而香川县政府却无论如何都不愿意为允许工业废弃物违法倾倒的行为做出谢罪。虽然双方已经达成了和解，但是我们不能接受香川县政府不道歉的做法。于是决定重启居民的抗议运动。

当时我们开展的就是前面提到的百处宣传运动。

可是，实际进行宣传的时候，能够吸引来的人却少之又少，这让我们感到很不安，无法保证一定能够赢得香川县100万居民的支持。

有的时候人真是一种非常不可思议的存在。在回去的路上，我们坐在一辆小型公共汽车上，行驶在荒山野岭中，这时我看到了夕阳正在黄昏的山脉间下沉的光景，那是非常美丽的一瞬。就在那时,“艰难”和“绝望”完全消失，心中产生一股得到救赎的感觉。此时，仿佛有某种声音在内心中安慰我道:“一定会有办法的。”在那一刻，我的心中也升起了稻盛先生所说的“敬天”之情。

稻盛和夫：
把群众运动引向成功是一件至难之事

中坊先生在处理丰岛问题的过程中，把最初单纯的诉讼案件发展成了一场轰轰烈烈的群众运动。我相信这并不是中坊先生刻意所为，而完全是丰岛人的自发运动，作为律师团的团长，中坊先生一定付出了常人所不知的辛劳。

比如，从经济角度来看，大家都必须放下手中的工作，到县政府门前示威六个月，即便是轮班交换，我相信对示威者来说也是个极大的负担。而且你们还需要在香川县内的各个市町村巡回宣传，仅是交通费和场地费就需要花费大笔的资金。您在经济负担如此沉重的情况下，还要不断激励丰岛人，带领他们走向成功，实在是一件至难之事。

中坊公平：以费用为开场白使我感受到丰岛居民的“决心”

丰岛人最初到我的律师事务所是在 1993 年 9 月 25 日，而我亲自考察丰岛则是在大约两周之后的 10 月 10 日。我首先到工业废弃物违法倾倒现场去做了调查。各种废弃物堆高达数十米，其规模和数量都是骇人听闻。老实说，对于是否能够将这些废弃物彻底清除，我当时持着半信半疑的态度。

然后我就到了公民会馆，想了解一下当地居民对此的态度和决心。当时群众运动还没有展开，丰岛三个社区的居民只是组织了一个叫作“住民会议”的团体。与我会面商谈的就是作为这个组织代表的二三十名当地居民。我向这些居民代表说了下面一番话。

“要把那么多的工业废弃物全部清除掉基本上是一件不可能的事情。虽然我理解你们的心情，但是毫无疑问我们需要为此付出千辛万苦，所以我必须确认你们有多强烈的决心要通过法院裁决来清理所有的废弃物。现在我暂时离开一下会场，希望你们大家再好好思考一下。”

说完我就走出二楼的会议室，来到一楼，以坐垫为枕头，躺着等待他们的讨论结果。后来这个景象在电视上被播了出来，给观众多少留下了不太好的印象。不过当时我心里却有着自己的盘算。

当时我判断，若当地居民不是真心实意要与县政府斗争的话，这件事情是绝对不可能获胜的。这些居民各自心中会有不同的想法，假如他们立刻下楼要求我正式接手这件诉讼案，他们所谓的决心也就不足为信。也就是说，如果他们不花时间商讨，是不可能得出最终结论的。

正如我最初所料，一个小时之后，他们才来请我上楼，然后开门见山地向我提出了稻盛先生刚才所说的经济问题。他们向我提的第一个问题是:“我们需要向中坊先生支付多少律师费?”

我很清楚他们并没有什么钱，也知道这种案件的解决需要花费多年时间，因此我回答道:“我不收取任何律师费，但其他方面却需要花费很多钱。”

当时他们手中拥有的资金大约是 6 000 万日元。濑户内海的各个岛都有各自的基金，这类基金的规模大约都是 6 000 万日元。濑户内海的岛上有很多材质优良的海沙，这些海沙在修建关西空港的时候被用来填海，作为海岸线受到破坏的补偿，相关业者向各个岛屿支付了相应的费用。而丰岛居民的基金正是来自于此。他们准备以这笔资金作为诉讼支出。

看到他们第一个问题就是关于诉讼费用，我立刻就确定他们是真心实意地想要打这场官司。前面我们曾经提到过真心话和场面话，金钱恰恰属于真心话。想必这些居民代表在二楼进行商谈时并没有去抱怨什么县政府的粗暴蛮横，而是整整花了一个多小时的时间讨论诉讼资金的问题，研究要不要使用 6 000 万日元的基金以及打算支付多少律师费。

丰岛是一个人口稀疏的岛屿，1 500 人的居民中，半数以上都是老年人，全部都是靠社保维生。说老实话，为了生活他们必须节衣缩食，基本上没有多少存款。而正是这些人决定拿出他们唯一的资产，也就是那 6 000 万日元，用来打这场官司。实际上丰岛居民们都非常清楚，如果真想打这场官司，就必须从资金问题开始谈起。

对丰岛居民而言，6 000 万日元是一个巨大的数目，可是作为律师我却知道，要想展开行之有效的诉讼活动，这笔钱是不够的。最终，整个事件花费了将近七年的时间，耗费资金达 6 500 万日元。

事实上，资金与诉讼活动是一个很棘手的问题。就像前面已经提到的，我们已经放弃对香川县政府的损害赔偿请求权利，也就无法在这个方面打主意。结果我们的诉讼经费渐渐减少，绝大多数都花费在了交通上，最终6 000万日元全部耗尽，不得不向农协借钱。

除了香川县政府外，我们还向岛上那些工业废弃物的排放者提交了公害调解申请，最终获得了三亿数千万日元的赔偿金，足以贴补这场诉讼案所花费的费用。

这笔赔偿金基本上不是我们争取到的，而是公害调解委员会的审查官为我们争取到的。工业废弃物排出者共有 21 家企业，审查官一家一家地进行了耐心地说服，让这些企业同意缴纳相应的赔偿金。也正是因为我们预估到能够获得这笔赔偿金，所以才会坚持斗争。尽管我们始终坚持不为钱斗争，但是只有花钱没有进账的斗争毕竟是难以为继的。

针对这笔赔偿金，香川县政府认为应该归政府所有。清除岛上工业废弃物的费用将会高达数百亿日元，作为损害赔偿的一部分，香川县政府理应获得这笔赔偿金。我们提出希望能够从这笔赔偿金中获得一部分资金来弥补我们已经支付的诉讼费用，结果以暂时支付的形式获得了 6 000 万日元。最后，香川县政府收取了全部赔偿金中的 1 亿 7 000 万日元，我们除了 6 000 万日元的补偿金外，又得到了 9 000 万日元的赔偿金。

我们遇到的另一个问题，就是工业废弃物违法倾倒地的问题。这片土地大约有 26 公顷，废弃物全部清除后，就会多出 26 公顷正常土地。这片土地原属于一家工业废弃物排出企业，倘若不加以任何处置，这家企业最终用它作何用途，谁也不能保证。所以有必要从企业手中收回这片土地。

我们首先向这家企业提出了 1 亿 2 000 万日元的损害赔偿，并在裁决中获胜，这就导致对方企业宣告破产。然后再以损害赔偿的名义，以丰岛的三个自治体为主体从企业手中收回了这片土地的所有权。最后，通过这场官司，我们得到了这片土地以及大约 1 亿 5 000 万日元的损害赔偿金。

稻盛和夫：
企业经营同样需要勇于迎接挑战

不管是企业经营，还是创业，身处绝境时都要做到百折不挠，永不放弃，才能实现最终的成功。然而，大多数企业恰恰在这种时候无法坚持下去，其中主要的一个原因就是资金链的断裂。企业要想坚持到最后取得成功，就必须确保资金的充裕。换而言之，如果企业无法在平时留有一定结余的话，那么就无法向新领域开拓。

在我们的企业哲学（京瓷哲学）中，有“在相扑台正中进行角逐”的说法。这种说法以相扑为例，在相扑比赛时，必须在相扑台的正中，也就是与相扑台边缘有足够距离的前提下，发挥技巧把对手摔倒。

现实中，也有不少被对手逼到相扑台边缘，然后再反败为胜的例子。体现在企业经营上，就是当企业在主打领域无论如何也无法取得突破时，就有必要向新的领域开拓。

一旦踏上相扑台，就再也没有后退的余地，只能勇往直前。因此，我们应该勇敢地迎接挑战。当我们在迎接挑战时，一个重要的条件就是激情，也就是强烈的意愿。

回想当初京瓷创业的时候，各方面条件并不充裕，我们在近乎于绝境的状况下开始了创业之路。当时我们下定决心，即使到一贫如洗的地步也要坚持到底。

然而，综观世间不少企业，企业的领导者常常只因人手不够，或者筹集不到资金导致经营困难便认输放弃。每当我听到企业经营者抱怨“自己的汽车都被拿去做了高利贷的抵押品，企业负债累累，员工也走的所剩无几。我的企业已经没有救了”的时候，我就会想：“没有汽车，你可以骑自行车啊。如果连买自行车的钱都没有的话，那街上不是有很多别人遗弃的旧自行车吗？去捡一辆来骑就是了。”

实际上很多看上去走投无路的人都是在自我设限，他们给自己制造了很多诸如“没有汽车所以没法去谈生意”、“没有100万元资金所以企业无法运营”之类的束缚。也正是因为这样，他们才会一无所成。我的想法是，就算一分钱都没有，同样可以白手起家，努力拼搏。如果能够有这种气概，不管遭遇多大的困难，都能拿出勇气激励自己：“就算负债累累，但还有一条命在，还有双手双脚可以去奋斗。”

在经营企业的时候，我们确实需要宽裕的经营资源。但是，我们不是同样也需要具备“即便身无分文也要不屈不挠”的斗志和气概，并以此为前提去迎接任何挑战吗？

中坊公平：
在处理丰岛问题时想法不一的岛民

在解决丰岛问题的过程中，我深刻感受到了开展群众运动的困难。1997 年 7 月 18 日，丰岛居民终于与香川县政府达成了中期协议。

按照当时的协议，县政府在处理丰岛的工业废弃物时，首先要在丰岛建立一个废弃物处理设施，对所有废弃物进行无害化处理，然后再运出岛外。这个方案我们都能接受，但是我们要求县政府向丰岛居民谢罪的请求却被删除了。

也就是说，县政府虽然同意在丰岛建设废弃物处理设施，将所有废弃物运出岛外，但这并不等同于县政府承认有过不当之处。香川县政府只是对这个问题表示遗憾，并将此作为县政府环境政策的一环才决定采取这些措施的，这就完全背离了我们当初的主张和要求。

我们的要求是要香川县政府承认自己的错误，然后承担对丰岛居民犯下的违法行为的责任，采取措施恢复丰岛的环境。香川县政府将工业废弃物清理作为不可推卸的义务还是作为环境政策的一环，会导致废弃物清理活动的处理方法产生天壤之别。若是作为环境政策的一环，关于县政府将来会不会更改乃至终止这项行动是无法保障的。若是作为义务的话，就必须不折不扣地予以解决。

制定这个中期协议方案的是日本公害调解委员会，这个委员会在 1997 年 5 月向我提交了这份方案并寻求意见。当时我刚好担任住管机构社长一职，只有星期天才有空去丰岛。于是我把大家召集到丰岛的交流中心，向他们征询对于这个方案的意见，我逐一询问是否同意这个方案，得到的却是令我意外的结果。

在处理丰岛问题的过程中，作为律师团的团长，一向都是由我来主导。到香川县政府抗议活动也是我要他们去做的。当时的日本首相桥本龙太郎之所以对丰岛问题表示极大关注，很重要的一个因素是担任住管机构社长的我兼任着丰岛律师团团长职务。我在这里介绍这些是因为如果当时没有我的话，丰岛的群众运动是不可能取得成功的。

然而，工业废弃物的处理工作需要花费很长时间，把丰岛岛内的所有工业废弃物全部进行无害化处理后再运出岛外，这至少需要十年时间。这项工作结束后，还必须拆除处理废弃物的工厂，那个时候，说不定我早就离开人世了。

如果香川县政府不公开谢罪，那么这种不彻底的解决方案就有可能导致废弃物处理工厂不做拆除。如果允许废弃物处理工厂在丰岛一直存在下去，就有可能使丰岛再次成为工业废弃物的处理地。

为了避免这种状况，有必要制定妥善的解决方案。

出于这种考虑，我对公害调解委员会制定的这份中期协议持否定的态度。然而，丰岛居民中有人提出了不同意见，"好不容易走到了这一步，已经很不错了。如果我们继续争论下去，反而有可能前功尽弃，甚至连工业废弃物的清除工作都无法办到"。

当时我自负整个事件能够得到解决，基本上都得益于我的努力，大家必然都会听从我的意见。当我满怀自信地征求众人意见的时候，却发现实际情况并非如此。

与会者中包括我带去的其他律师，我想当然地认为至少他们会赞同我的意见。可是，就连这些律师中也有人与我的想法相悖。这简直就像我的孩子背叛了我一样。当时我觉得这些人实在是不明事理，心中怒火万丈，准备痛斥他们一番。

没想到就在那个时候，我突然有了尿意，想去上厕所。现在回头想来，那个时候大概是神灵在暗中阻止了我的意气用事。在那种时候和场合本不应该发怒，所以神灵就让我突然产生了尿意，使我暂时离开了会场。

在去卫生间的30秒中，我的脑海中突然浮现出了联邦德国第六任总统魏茨泽克曾经说过的一段话:“分裂是最糟糕的选择”。这是《荒野四十年》一书中摘录的他在一次著名演说中的一段话。这句话与稻盛先生的“心无所愿，事必不现”一样，都是给我留下了深刻印象的箴言。

想到这句话，我心中的怒火一下子就冷却了下来。我意识到这样下去，我们就会分裂成强硬派与妥协派，必须阻止这种情况的发生。

从卫生间返回会场的途中，我展开了思索。在脚步快和脚步慢的人之间，经常都是脚步快的人迎合脚步慢的人，让脚步慢的人去迎合脚步快的人是不太合理的做法。此时此刻脚步快的我就必须做出妥协，和大家保持一致的速度。

重新回到会场后，我向大家表示，就按照你们的意思来办吧。尽管公害调解委员会的方案并不彻底，我们仍然决定予以接受。当时的电视新闻播放了我为此泪洒会场的画面，那不是喜极而泣，而是因为被自己相信的人背叛的现实以及自己的愿望无法实现的懊恼的眼泪。

我并不是不能理解他们的心情，当时丰岛居民的诉讼费用已经快要见底，他们没法继续保持从容的心态。因此，就须先接受中期协议，以便能够收回一些为此花费的各种支出。只有我们接受了这项调解方案，公害调解委员会才会去向那些工业废弃物的排放企业收取六千万日元的赔偿金，然后以暂付款的形式支付给丰岛。

稻盛和夫：
一个人的人生由命运与灵魂编织而成

您的这些诉说，让我想到了中坊先生参与过各种各样事件的解决，创造了许多堪称奇迹的成果。不仅限于中坊先生，也适用于所有人的一点就是，当我们思考为什么能够创造这些奇迹的时候，应该首先去想一想，我们的人生是如何构成的。

刚才中坊先生引用了我说的“心无所愿，事必不现”这句话，我认为在这之前还有一种我们无法主宰的存在，那就是命运。

不知道从什么时候开始，人们不再相信命运，绝大多数人往往都从科学的角度衡量事物，对很多事情都以“偶然”

为由，一笑了之。可是如果人生真的是“众多偶然的叠加”，那么就有许多事情无法做出合理的解释。

人类自古以来，不管是东方文明还是西方文明都相信命运的存在，并试图解明命运的原理。例如，中国就把《易经》进行了体系化的解读，并最终形成一门学问。在欧洲，也有像占星术那样把人生视作必然来研究的学问。

专家们的大量研究成果让我们知道，原来每个人都有着不同的命运。虽然无法给出确凿的证据，但是不管是《易经》还是占卜，都能在很大程度上预知我们的未来。

我认为，一个人将会度过怎样的一生在他出生时就决定了。

比如中坊先生，您出生在一个富裕家庭，从小体弱多病不爱学习，运动神经也不发达。如果人生是偶然的，那么中坊先生的一生大概一直都会这样了。然而事实却并非如此，中坊先生后来的人生出现了巨大的转变。我认为这就必须去向命运寻找答案了。

背负着这样一种命运的，是否就是中坊先生的肉身呢?事实并非如此，与肉体共存的还有灵魂。也就是说，意识或者心这种无形的存在与肉体这种物理存在共同构成了中坊公平这个人。这样一种结合体来到世间，承载着某种命运。我认为这就是所谓的人生。

如刚才中坊先生所提到的，我们在人生的道路上，有的时候能够感觉到自己受了神灵的点化，获得了上天的眷顾。我认为上天是通过我们的灵魂来向我们施以援手的。

这种认识必须建立在对造物主的认同之上。对于造物主般的存在，日本分子生物学家，筑波大学名誉教授村上和雄先生经常会用“something great”一词来做表述。

村上先生研究的是基因，但是有的时候他又能感受到某种超越人类智慧的崇高存在。那是一种凌驾于凡人智慧之上的伟大存在。他将其称为“something great”。

人生还有一个更重要的法则，那就是“思善行善必得善果，施恶行恶必得恶果”的因果法则。

这种法则的确存在于我们的人生当中，但是现在却被人们讥笑为迷信。尤其是二战结束后，随着科学万能主义教育的浸透，这种倾向变得愈加明显。

当然，并非我们做了善事就立刻能获得好的结果。如果用一生这样漫长的跨度来验证的话，这个法则基本上就是真实不虚的。那些心存恶念的人即便能够暂时得势，他们却不可能几十年一直好运下去。

普通人往往在看到恶人享尽荣华时，就会心生烦恼，觉得“为什么像我这样老实认真的人却得不到好报呢?”可是真实情况却并非如此，神灵绝不会亏待好人，这是我们整个宇宙的一项基本法则。就如那些科学法则一样，行善事必得善果的法则，同样存在于我们的宇宙之中。

总之，人生首先存在着命运这种“纵纱”，然后再有因果法则的“横纱”。“横纱”和“纵纱”编织在一起就构成了我们的人生。因果法则会对我们的人生产生更重要的影响。如果我们能够善用因果法则，就可以改变我们的命运。

比如，不管我们出生时的命运有多好，如果做了坏事，最终必将招致恶果。反之，即便原本命运不佳，只要保持高尚的心灵，不断奉行各种善事，那么同样能够获得美好的人生。即便今生无法让命运得到改变，那么来世还是会得到回报的。对于这些法则，我深信不疑。

中国古代经典著作中，有“积善之家必有余庆”的说法，这句话的意思是：行善事能够惠及子子孙孙。日本同样也有“为人即为己”的说法。当我们去帮助他人时，实际上并不仅仅有利于对方，也会令我们自身从中受益。通过顺应因果法则，我们能够让自己的命运向好的方向改变。事实上，这种认识早已贯穿于人类的认知体系中。

我相信中坊先生在丰岛问题以及其他各种各样事件的解

决过程中，能够屡屡创造奇迹，与这种法则存在着千丝万缕的关系。

一颗美丽的心灵就是要永远都为他人着想。作为律师，为了实现这种理念，有的时候也需要使用一些包括“坏点子”在内的智慧。当然，“坏点子”这个说法并不十分妥当，貌似不正，其实并无任何恶意，只是为了让问题得到妥善解决而采取的智慧。中坊先生正是运用这样的智慧与那些恶势力斗争至今。中坊先生的出发点永远都是一颗善良的心，所以即便在接手那些被众人认为不可能获胜的案子时，中坊先生照样能够神助一般创造奇迹，获得胜利。

听了中坊先生的故事，我感觉到了命运的安排。如您所叙述，最初您不过是一个体弱多病的富家子弟。然而，等到一定时候，情况却发生了改变。您刚才说道，自己在强制劳动时期经历了各种辛劳，正是经历了这样的锻炼，您的灵魂才得到了升华，得以拥有了一颗不凡的心灵，最终成就了事业上的一系列璀璨业绩。

以丰岛事件为代表，中坊先生参与的事件很多都不能给您带来经济上的好处，但是您义无反顾地投身于这些事件的解决当中。我相信您能够做到这一点，是因中坊先生的灵魂使然。当我们的灵魂被美好的事物所吸引，就会去行善事，通过这个过程让自己的灵魂得到进一步的升华，最终创造有如奇迹一般的作为，产生意想不到的耀眼成果。

中坊公平：
我并非出于环保意识或使命感才接手丰岛诉讼案

丰岛事件与环境问题、工业废弃物处理以及人口过稀等一系列社会问题有着千丝万缕的联系。如果当初我是出于对这些社会问题的使命感而决定接手这件诉讼案，或许可以说我确实做出一个正确的选择。

遗憾的是，这并不是我当初的真实想法。不管是现在的市民运动还是环境运动，都让我有一种言不由衷的感觉。虽然我也明白这些运动非常重要和迫切，但是或许因为我比较幼稚，总是感到这些运动有什么地方令人难以完全接受。

我之所以会插手像丰岛事件这样既花精力又没法得利的事件，完全是因为我当时感受到了丰岛当地居民的真情。在我与他们的第一次会谈结束后，大家一起聚了个餐，宴席上我向在座的人逐一询问了同一个问题："你现在主张把所有工业废弃物从岛上清理出去，可是那些堆积如山的废弃物，你真的认为我们做得到吗?”

这也是我的一个习惯，我总觉得人在大庭广众下说的话永远都只能是场面话，在场面话之后，往往还会隐藏着不为外人所知的真心话。正因我感觉到了这一点，才会有这个习惯，总想要探究人们内心的真心话。当时在场的岛民中，十个人中只有一两个人回答我说能够做到。绝大多数人都是满脸无奈的表情，摇头说不。

他们对我说:“中坊先生，要想把这么多工业废弃物全部清除掉，那不是一件容易的事情。按照现在的样子来看，要想全部清除是件不可能的事情。”

他们对我说这番话时，几乎所有人脸上都表现出绝望的神情，露出苦涩的笑容。看着他们每一个人的脸，我不禁对这个世界的荒谬产生了无限感慨，“这些人从来没有做过坏事，为何却要面对如此悲惨的境遇”。于是我进一步向他们探寻道:

“你们明明知道不可能，为何还要去抗争呢?你们这不纯粹是在自找苦吃吗?”

结果我得到的回答几乎都是一模一样的。

“我们这个岛的名字叫‘丰岛’，这是我们先祖留下的名字。这说明我们的小岛曾经是一个丰饶的岛屿。”

事实也确实如此。丰岛虽然面积不大，可是岛上却有淡水，不需要从其他地方引水进来，丰岛的气候也十分适合农业。在昭和初期，当时的日本社会运动家贺川丰彦在岛上设立了育婴所，开办了孤儿院，这足以显示丰岛曾经是一个十分宜居的小岛。然而岛民们却告诉我说：

“从昭和五十年（1975 年）开始一直到现在的 20 年间，我们并没有做错过任何事情，可是我们的岛却变成了一个工业废弃物岛。如果丰岛是在我们这一代变成了现在这个样子，那么就算我们活着时无法改变现状，也希望能够把我们的斗争意志留传给子孙后代。”

他们的话不禁让我想到：“为什么这样的一些人必须接受这种悲惨的命运呢？”我心中涌起一股强烈的意愿：“我也要加入到他们的斗争行列！”

通过这次事件，我们感受到了人心之美。丰岛全部人口约 1 500 人，有五百多户家庭，丰岛公害诉讼案的申请人有 549 人，也就是说基本上是一家出了一个诉讼申请人。从 1993 年正式立案起，一直到达成最终和解的 2000 年的六年半期间，有 69 位申请人离世。

在这些离世者中，就有曾经在香川县政府门前参加抗议示威的人。为了得到全社会的理解和支持，他们搭乘夜行长途巴士到东京市中心的银座，向公众展示丰岛的有害物质。然后在当天晚上，又搭乘夜行巴士回家。丰岛那些贫穷的老大爷老大娘为了清除工业废弃物，忘我地投身到了运动中。

在这些人当中，有一成以上没能看到最终结果就离开了人世。这些实实在在的事例让我感受到：人心绝不是只会趋利避害的，就算他们无法在活着的时候目睹最后的成功，却依然义无反顾地为了最终胜利奉献和付出。就是这些老年人，从早上九点一直到傍晚五点，无怨无悔地站在香川县政府门前静默示威。不管怎样说，人心的本质都是纯洁美丽的。

2000 年 6 月 6 日，诉讼双方在丰岛签署了最终和解协议。前一天我们大家专门去祭祀了那些离世者。当我们来到墓地时，看到了很多新坟。在六年半的岁月里，岛上有 69 人离世，他们的脸庞都一一浮现在我的脑海中。但是他们再也无法看到现在的这一切了。

由于丰岛大多数居民年龄都超过 60 岁，人口过稀，因此在我们谈话的此时此刻，随时都可能有人离世，就连作为丰岛最高负责人的自治会长都已经去世了。不是年轻人为了自己的未来，而是这样一群蹒跚在人生道路最后阶段的老人，为了子孙后代掀起了这场运动。

当我遇到他们这些人，收到他们的请求时，实在不忍心回绝。因此，我不是出于对环境问题的关注，也不是为了承担起社会使命，而完全是被丰岛居民的感情所打动才决定接手这件诉讼案的。

稻盛和夫：
拥有美丽心灵的人必然能够创造奇迹

您之所以能与丰岛居民的情感产生共鸣，是因为您具备了高洁的灵魂。您美丽的灵魂使得您会选择正确的方向，并锲而不舍地勇往直前。对这样的您，如上帝一般的“something great”自然会伸出援助之手，让您的心愿成真，最终使得那些超越人类能力和智慧的成果喷涌而出。

当拥有美丽心灵的人为了世间、为了众生奋斗时，奇迹就必定会在他们面前出现。那些基于理性无法解决的难题在不知不觉中就会出现转变，最终得到圆满解决。

这就如同那些宗教家通过修行而创造奇迹。宗教人士所创造的奇迹与魔术不同。通过磨砺获得美丽灵魂的人，会朝着正确的方向倾注超凡的努力，这必然会产生感天动地的力量，从而让神灵为我们提供超越人类智慧和能力的指引。

一旦我坦诚了这种观点，必然会被贴上“迷信”的标签，然而，在如此混乱的社会中，我们应该摈除完全依照物质来判断一切的做法。越是知识界的人，越容易借“科学”的美名，完全依靠合理主义和逻辑来进行思考和判断。但是，我们必须重新认识曾经被我们当作迷信而抛弃的、用肉眼无法看到的精神世界。

这是一个由纯粹的美丽心灵所创造的世界。中坊先生刚才提到人都拥有一颗美丽的心灵，按佛教的说法这可以称为“山川草木悉皆成佛”。也就是说，大千世界，万事万物都有佛性，我们所有人都是佛的化身。只因我们拥有肉体，为了维持这个肉体，才会产生各种欲望与烦恼，让我们原本具有的完美佛性遭到了玷污。如果我们把这些污损全部拭去，就能重新显现出一颗完美的佛心。

这是佛教自古以来的教诲，对现代社会也完全适用。就如在除夕夜，我们会通过撞钟来去除心中各种各样的烦恼，让我们尽可能地回归到完美灵魂的本源。人生中发生的一切都是为了让我们磨砺心性，这是我们生活在这个世界的一件大事。

不管是谁，都想度过一个幸福美好的人生。然而美好的人生并非从天而降，需要我们通过自身的磨砺得到。我们首先必须持之以恒地努力来使自己的心灵变得更加完美。

想要让心灵得到磨砺，最基本的一条就是“勤勉”，佛教称之为“精进”。不只限于工作，对任何事情我们都应该全神贯注，完全投入。如果我们不需要十分勤勉便足以谋生，那么就应该去寻找其他能够令我们全身心投入的事物。正如前面我们提到的，在教育体系中设置让每一个人都愿意去全心投入、探求根源的课程，正是我们现在这样一个富裕社会的必然要求。

中坊公平：
21 世纪必须改变效率至上主义

我觉得大自然与人类之间的关系变得越来越扭曲。人类变得极其傲慢，就像稻盛先生所说的，将命运和因果报应都视为迷信而全部抛弃。

就像“偶然”这个词，如果用学术语言来定义，那就是“必然与必然的交点”。这种说法虽然也能够让人释然，但是当以这个定义来解释世间的所有现象和事物时，难免会让人感到疑惑。这就和“由于现代科学技术的发达，人类可以支配一切”的看法如出一辙。

在人类的科学技术还不够发达的时候，人类对大自然会产生恐惧，生出敬畏之心，从而相信神灵的存在，就出现了易经、占卜以及宗教等。随着现代科学技术的发展，如笛卡尔的“我思故我在”所表明的，以人类为中心的认识和观念开始普及开来。

世间所有生物，不管是一棵树还是一条鱼，都有各自的生命和命运。然而，我们现在已经忽略了这个事实，只关心自身。我们自认为人类可以证明一切、发现一切的这种自信，使人类越来越轻视大自然，最终导致了整个地球自然环境的破坏。

不管是任何人，一旦认为自己强大时，必定会产生傲慢不逊的心理。这种傲慢再加上经济的发展与物质的富裕，就必然会对地球上的所有生物都予取予求，随意支配。不管文明如何发达，人类终究还是需要生活在大自然中，这个事实是无论如何都无法改变的。

如同兔子的耳朵和长颈鹿的脖子会变长，人类之所以会有现在模样，完全是为了迎合大自然的要求。人类挑战大自然的做法是不可能获胜的。然而人类却没有意识到这一点，对自身能力过于自信，以为能用科学证明一切，这也是20世纪的局限所在。

在这个崭新的21世纪里，我们必须清楚地意识到这一点。曾经有大群老鼠义无反顾冲进汹涌奔腾河流的电影场景，它们知道继续往前奔跑，最终会落水溺毙，却仍然不肯止步回头。这正是人类当前的写照。

以石油为例，石油属于化石燃料，在可以预见到的未来便会枯竭。可是我们却依然沉迷于对化石燃料的依赖，不去未雨绸缪，及时改变现状。这种不思悔改，使得全人类正疯狂奔向毁灭的边缘。

人类若要改变这种状况，唯一的途径就是学会谦虚，对地球上的万物都心怀敬畏。纵观人类历史，农业的产生是人类社会踏上文明道路的决定性的一步。以日本为例，从此告别了绳文时代（日本的石器时代后期，约1万年以前到公元前1世纪前后的时期。——译者注）进入了弥生时代（大约是公元前5世纪中期到公元3世纪中期。此时日本开始出现了以水稻种植为主的农耕文化。——译者注），并一路发展至今，现在进入了工业社会。尽管未来我们将走向何处现在还没有定论，可是我相信人类未来走的将是一条灭亡之路。

恐龙曾经在地球上称霸一时，有一天却突然灭绝。如果我们继续像现在这样发展下去，有朝一日将会用核武器把整个地球都毁灭掉。或者因各种排放物让地球变暖现象失控，从而毁掉整个地球环境，最终令人类彻底灭绝。我感觉人类现在已经走到了灭亡的边缘。

基于这种现实，我认为我们不能再把价值判断标准继续建立在20世纪的延长线上。在21世纪里，我们必须有所改变。此时此刻，我们最应该关注“敬天爱人”和“勤勉”这些没有受到现代人珍视的精神理念。

现代人的想法是：“一切事情全都交给机器去做就好了，人类并不需要辛勤劳动”，也就是说，我们只需要摇着扇子在边上看着就行。这种做法既有效率，也符合人性。

然而，如“小人闲居行不善”这句俗语所说的，这种方式所得到的结果，远不如让所有人都没有闲暇，只能勤奋工作所得到的结果。总之，凡事只求便利和轻松的价值判断标准只会让人类社会朝着错误的方向演进。

现在迫切需要有人站出来敲响警钟，让世人立刻“悬崖勒马、止步回头”。对于全人类而言，必须拿出决心在所有领域都进行革新。

稻盛和夫：
向全世界提出由日本人创造的崭新价值观

我同样认为21世纪是一个需要从根本上进行价值观转换的时代。我们应该在继承原有正确价值观的同时，植入未来所需要的新价值观，并以此确立一个全人类共有的21世纪的价值观。

为此，作为东西方文明交汇处的日本理应起到重要的作用。日本人既能理解西方文明的精神，同时也熟知东方历史、文明、文化和精神。在地缘政治学上，日本处于东西方之间的中心位置。因此，日本比较适合创造并倡导符合21世纪人类发展要求的世界价值标准。虽然当前日本社会连自身的价值判断标准都出现了动摇，不过我还是希望日本能够尽早重新确立新的价值判断标准，进而展示和传播到全世界。

有观点认为，在21世纪里，必然会出现“文明的冲突”。作为东西文明交汇点的日本，应该勇于担负起符合新世纪要求的责任。不仅要让文明间的冲突得以避免，同时还要想办法推动全人类的和谐与融洽，将人类社会导向正确的方向。

尽管现在日本社会正处于极端迷失中，但是我期待在当前的这片混沌里，能够诞生出崭新的、足以引导21世纪人类前进方向的价值观。为了实现这个目标，我们必须对心灵和精神予以足够的重视。迄今为止，尤其是知识界的人士，反而不会向世人疾呼心灵与精神的重要性，他们怕这样做会被批评为迷信和低俗。但是，我们现在不应该去迎合世人，我希望越来越多的人能够挺身而出，对心灵与精神的重要性展开积极的探讨和宣扬。

一般说来，我们很多时候都是基于自身的欲望，诸如名誉与权力而终日忙碌，无时无刻都在想着如何实现自身利益，满足自身欲望。这种人生态度反而会令我们的愿望难以顺利实现。

看到中坊先生的所作所为，让我感觉到，您的那些行为都不是为了满足自身欲望，完全是为了实现人间的正义。像您这样，不是基于自身欲望，而是凭借人的最基本道德来做价值判断时，不仅各种问题都得到妥善解决，同时也能够赢得了人心。

当年中坊先生在接手丰岛诉讼案时，一方面为丰岛居民的诉讼资金感到担忧，另一方面主动免除了应收的律师费。

而且，您在担任住管机构社长期间，也没有收取任何报酬。也就是说，对于那些您认为有意义的诉讼案件，您能够毅然斩断与自身欲望相连的部分，让自己能够以纯粹的道义来做判断。正因如此，所有案件才都按照您的心愿了结。

总之，那些身居社会要冲的人必须斩断心中与金钱和欲望相连的部分，完全基于真理、道义、哲学、道德以及良心来做判断、采取行动。只有做到这一点，才能为各种棘手问题找到最好的解决办法。当我们想为全人类创造新的价值判断标准时，这同样是一个重要的先决条件。

此外，还有非常关键的一点就是，要懂得“知足”。正如中坊先生所言，在科学技术和物质文明都异常发达的今日，如果人类的欲望不加限制地膨胀下去，最终必然会殃及人类自身。因此，尤其是发达国家的人们，必须对此进行认真的思考。

考虑到地球资源与能源的有限性，如果人类的物质文明继续像现在这样发展下去，那么总有一天会造成地球的毁灭。不过至少现在我们还处在能够避免这种结局的边缘。所以，我强烈主张，人类必须立即转变观念，以“知足”这种东方哲学理念为基轴，促使全人类进行谦虚地反省，并将其融入到人类未来的新价值观中。

中坊公平：
只有“知足”才能幸福

我相信“知足”是一个关键词。不管在任何社会，大家最关心的一个词就是“幸福”。正如英国哲学家穆勒所说的，“绝大多数人的最大幸福，才是一个国家最富足的状态”。

但是当我们思考“幸福”的时候，往往都过于执著于外部条件。比如财产、地位、名誉乃至健康。这些全都属于外部条件，而我们恰恰对这些因素过于执著。

在我母亲经常吟诵的卡尔·普瑟（Karl Busse，19 世纪的德国诗人。——译者注）的诗歌《山那边》中，对于“幸福”是这样描述的：

遥远的山那边，
人说“幸福”在，
我随众人往寻，
满面泪痕心碎归。
岂知山的更那边，

人说“幸福”在。

之所以会有那么多人喜欢吟诵这首诗，归根结底还是因为它能引发人的共鸣。当我们完全依靠外部条件去追寻幸福的时候，即使到了“山那边”，也不能获得真正的幸福。虽然这首诗在最后写到需要继续翻到更远的山那边才能找到幸福，但是真正寓意却是“如果只依靠外部条件去寻找幸福，那么不管走到何处都得不到幸福”。“幸福”，其实是一种主观的事物，它就隐藏在我们的心中。

只有当我们真正懂得知足的时候，才能获得货真价实的幸福。仅靠努力抵达心中期待的地方，其实是一件很困难的事情。就像我一样，虽然想在学业上获得进步，但因自己的懈怠和能力有限，最终无法达成心愿。并不只限于学习，在履行自身职责时，同样也会遇到这种情况。

因此，当我们想要实现某个心愿时，“知足”就成了关键，它会带给我们真正的幸福。

说起来，我的一个观点曾经遭到90%以上同行的反对，那就是“律师报酬布施论”。这个观点具体来说就是这样的：

我现在从事律师工作，从委托我的客户那里获取相应的报酬。对律师而言，获得这样的报酬并不是那么简单的事情。

案件进展顺利倒还罢了，案件进展不畅时，向客户要求报酬就变得不容易。在某种意义上，收取报酬甚至要难于律师工作本身。

一直到江户时代，日本都没有正式的“律师”职业。虽然当时也存在着非法的讼师职业，可是真正的现代律师制度是在明治时代才从西方引进的。

在西方社会里，律师、医生以及牧师这些职业，从诞生之日起就被认为是“不能完全以利益为先的职业”。对于这种说法，我进行过长期的思考，最后终于意识到，这些职业全都建立在他人不幸之上。

牧师，也就是日本的僧侣，只有在他人去世的时候才会被聘请。医生是在人生病时，律师是当人有了麻烦的时候才会发挥作用的职业。所有这些事情对于客户而言，显然都意味着不幸，但也正是客户的这些不幸才给从事这些职业的人提供了谋生的机会。这一点就是律师、医生和牧师与其他职业的本质区别。

比如，客户来聘请律师的时候，必然是处于无助的境地才会来寻求帮助。在这个时候，如果律师为了敛财就趁火打劫，客户既不精通法律，又身陷困境，往往也就毫不怀疑地进入了律师布下的圈套。

律师这个职业存在的根本性问题就在于此。换而言之，“不以他人的不幸为自己谋利”理应是律师这种职业所应具备的最低道德标准。

作为律师，我们必须对依靠他人的不幸来获取钱财的行为保持警惕。为了做到这一点，就应该把客户付给我们的律师费视为客户的布施。我们自然就会对客户产生感谢之意，并收取合理的费用。尽管大多数人都认为我的这种观点将导致律师难以生存。但是我却认为，如果全社会都能够接受我这个观点，绝对不会产生任何问题。

当我公开宣扬这种观点时，立刻就遭到了所有律师的反驳，他们都说：“中坊先生因为自己家境优越，才会讲这种话。”我小时候家里确实很有钱，但是战争几乎夺走了一切。尽管我父亲后来放弃了教师这个职业，改行做了律师。不过他开设的律师事务所在京都，而我却一直都在大阪打拼，得不到父母的任何庇护，只能单枪匹马地奋斗至今，所以那些律师同行们的说法根本就不符合实情。

关于“布施论”，还有过这样一段故事。我曾经长期作为顾问服务于一家住宅建筑公司。有一次那家公司的老板对我说：“中坊先生，你实在是一个非同一般的狡猾家伙。”

一问之下我才知道，有一次，那家公司的会计兴高采烈地说道：“今天好不容易才把钱支付给了中坊先生。”那个老板听到了就很不高兴地斥责那个会计：“我早就告诉你，会计就是要锱铢必较，你这个家伙怎么付钱给别人还这么高兴！”那个会计的回答却是：“中坊先生总是不太愿意收受报酬，这次我总算了却了一桩心事。”

那个老板调阅了之前数年向我支付报酬的明细，结果发现，我该拿的钱其实一分都没少拿。

所以那个老板才对我说：“你明明一分钱都没少拿，却让我们会计兴高采烈地把钱双手奉上给你，这说明你的手段真是高明。”我听了马上辩解：“根本没有这样的事。”但是这件事情却说明了，只要我们懂得知足，把报酬视为客户给我们的布施，那么金钱自然会主动“送上门来”。

稻盛和夫：
幸福不在于外部条件，而取决于我们的“心”

您的这种做法如佛教所的“解脱”。对于任何支出都应该持谨慎态度的会计，在中坊先生这里，却变得爽快豪放。之所以会这样，完全是由于中坊先生对金钱，也就是私欲全部放下了的缘故。如此一来，即使您不去主动要求，金钱也会自动送上门来。

刚才您所说的“律师报酬布施论”也是同样的道理。律师的工作原本是救助那些陷入不幸的人，因此也就不能将其单纯地视作一种谋生的职业。能够具备这种认识，也体现出中坊先生高洁的灵魂。中坊先生自己却并没有意识到这一点。每当看到中坊先生的身影，我都会对此产生深刻的感受。

不管怎样，我相信刚才中坊先生的一番话已经透彻地诠释了“幸福”的真义。我还想补充一点的是，现在的年轻人都一心憧憬那种充满蜜意的幸福。正如那些怀春的少女，总是在心中希冀着能够得到那种被纯粹幸福所包裹的艳丽华美的幸福。这种幸福其实就如“山那边”的幸福，是根本不可能得到的。

人类从一开始就一直在追逐“山那边”的幸福，然而，最终却没有一个人找到这种幸福。其实我们没有必要向外寻求，幸福就隐藏在我们心灵的深处。获得幸福并不困难，如果我们懂得“知足”，当下便是幸福。

所谓“知足”，其实也就是对生命的感恩，一颗感恩之心便可以体会到“知足”。而这种“知足”的感受就是幸福。

《五体不满足》的作者乙武洋匡（当代日本作家，自幼

有先天性四肢切断，没有四肢。——译者注）从外表看上去应该是非常不幸，事实上他却拥有远超世人的开朗性格。他之所以能够做到这一点，是因为他对生命充满了感激，永远都保持积极向上的生活态度。这也再一次证明了中坊先生刚才所说的，幸福不是由外部条件决定的。

我认识一位癌症末期、即将离世的人，这位身患绝症的病人居然对我们这些健康的人给予慈爱和关怀。原本应该是健康的人向那些身患疾病者给予关心和体贴，可是那位癌症患者却真诚地鼓励我们：“你们的日子还很长，一定要好好活下去。”

所有这些都不断让我意识到，幸福并非在于外部条件，而取决于我们的“内心”。但是这种认识源自于“知足”的心态，我认为有必要对此进行大力宣扬。

中坊公平：
知足的心态令我们时时感受幸福

只要懂得知足，即便在短短的一天时间里，我们也能时时感受到幸福。吃到美食，是一种幸福；为美景感动，也是一种幸福。幸福原本就在我们身边，可是，如果我们不懂知足，就无法感受到它的存在。只要我们稍微转换下心态，即便是见到片红叶也能为之陶醉，那么任何人都能立刻变得幸福起来。所以，获得幸福其实不是一件困难的事情。

或许是我这个人比较幼稚，如果能回到孩童时期，那时，我看到美丽的东西，就会率真地承认它的美丽；吃到美味的食物，我也会为之开心；与他人说上两句话，同样也会让我感到高兴。其实幸福正是包含于这些事物当中，除此之外，别无他寻。

往往都是当我们想要去追逐时，世间万物反而会离你越来越远。所以要想获得，就必须懂得诀窍。就像刚才所说的“布施论”，我从来不特意去追逐金钱，可是我该得到的报酬一分都没有少过。而且，常常都是对方兴高采烈地送到我的手中。

世间存在一个非常不可思议的规律我也不知道具体原理所在，当我们不去刻意追求的时候，许多东西反而会主动向我们靠拢；当我们反过来去追逐时，对方却会立即转身逃开。就像渔翁捕鱼，想尽办法也只会让鱼儿四散而逃，当你不以为意地接近它们时，却往往能够手到擒来。

稻盛和夫：
常怀感恩之心，不断努力前行

“时时都能感受到幸福”确实是一个绝妙的说法，我就希望自己每天每时都体会到幸福。

或许我们可以用例子来进一步说明什么是“知足”。以前的社会主义者经常会说“我们大家都是受到了资产阶级的欺骗，受到了资本主义和物质文明的污染”。因此，当中坊先生提出“律师报酬布施论”的时候，才会有人指责中坊先生是因为不缺钱才会这么说。对于我刚才提到的“幸福论”，他们也会反驳道:“稻盛因为是亿万富翁才有闲情逸致讲这种话。”并对我们的这些观点嗤之以鼻。然而，这些人在现实中往往正是被欲望所驱使、为了满足个人的私欲而狼奔豖突的人。

但是，幸福并不存在于这些地方。我听说在菲律宾，住在垃圾场里的孩子们每当垃圾倾倒车到来时，都会兴高采烈地围在四周，这是因为他们又可以在垃圾中寻找“宝藏”了。对那些小孩子而言，能够在垃圾堆中找到还没发酶的面包就算是一个大发现，就能够让他们感到无比幸福了。

当然，这并不是想要宣扬“即便贫穷也要甘之如饴，将之视为幸福”的观点，我们每一个人都有寻求更加富裕生活的权利。但是，如果我们总是认为不改善外部条件就无法获得幸福，那么我们就只能永远深陷于不幸之中。如果被这种心态所控制，那么不管外部条件多么完善，我们都将无法感到满足。

只要我们心怀感激，认识到“我现在就很幸福”，并永远努力向上，就能够不断获得新的幸福。无论外部条件如何，幸福永远都与我们相伴。

此外，人生还有一点非常重要。即使我们取得了成功，也不能因此懈怠。就算我们感到了满足，也仍然需要保持勤勉，努力工作，只有这样才能让我们继续成功下去。

中坊公平：
人性的弱点之一就是见钱眼开

世间确实存在着一些不管如何苦口婆心，都不愿接受这些道理的人。很多人一听到“世间的所有事物都与神灵相关”的说法，就会立刻反驳是在“洗脑”。

我在担任丰田商事破产财产监管人的时候，对此有过很深的感触。当时丰田商事的销售人员利用欺诈手段，从老年客户那里骗取了大量钱财。一开始，我还比较乐观，相信丰田商事的这些员工不会真正地认为自己的做法正确，只要好好沟通，他们都会甘心认错。

作为破产财产监管人，我为了调查丰田商事所有的房地产情况，出差到了信州的白马（日本中部长野县一带的观光地——译者注）。当时我还带了一名丰田商事的年轻员工与我同行。

在此过程中，我们同吃同住，一起去澡堂，一起喝啤酒。我以为在这之后，自然能够听到他的真实想法。

事实却并非如此。在和那名年轻员工的谈话过程中，我甚至产生了一种恐惧感，只要我们的话题涉及他的责任，就会立刻陷入僵局，对方不会给予我任何正面的回答。

我可以算是一个不太容易受到诱惑的人。很久以前，我却经历过一件现在说出来都有些害臊的事情。那是在昭和四十年左右（20世纪60年代——译者注），恰逢日本土地价格开始飙升。当时宇治市（日本京都府南部的一个城市——译者注）从当地一些居民手中购买了一块土地，打算用来修建学校。后来宇治市又改变了建校地点，决定不再在那块土地上修建学校了。

结果税务署跑来对那些土地出让人提出要求。当初他们的土地是作为学校用地出售的，土地出让人在卖地收入上都获得了特别税收减免的优惠。既然现在这块土地不用来修建学校了，那么也就不再适用于特别减税优惠，出让人需要补交税款。

当初是因为宇治市政府为了修建学校才征用了这块土地，现在却因政府决策的变更要求卖地人补交税款，这种做法实在让人无法接受。于是土地出让者就要求市政府返还这块土地。我作为他们的律师参与了这场诉讼，最终宇治市政府决定返还土地。由于在此期间土地价格飞涨，重新把这块土地卖掉后，土地出让方收入多出了大约一亿日元。

司法助理在完成所有交易后，不是用支票，而是全部以现金的形式将这一亿日元送到了我家。在此之前，我还从来没有见过一亿日元的现金，于是我便做出了以下安排。

我将全体委托人都召集到我家，然后在众人面前打开了装满一亿日元的铝制公文箱。公文箱里摆了整整一箱的一万日元钞票，大家全都是第一次见到一亿日元的现金，那场面确实很有震撼力。

根据之前的合同，我的报酬是300万日元，与眼前这一亿日元现金相比，区区300万日元可以说是微不足道。当时我看到他们那么高兴，还指望他们主动表示300万日元有些太少了，愿意再多追加一些报酬给我。

然而，他们没有表露丝毫这样的意思，这实在让我感到有些失望，甚至觉得这是一群极其吝啬的家伙。

那个时候，如果不是眼前有这一亿日元的话，相信我是不会产生这种怨念的。既然能够拿到300万日元的报酬，我本应非常高兴才对，可是当看到这么多现金时，却涌起了更大的贪欲，期盼着对方不仅在口头向我表示感谢，还能够再多给我一些报酬。这也就可以看出来，虽然我在嘴上讲着要懂得知足的道理，可是终究还是难以消除自己人性上的弱点。

我的那些委托人在看到那么多现金后也开始变得手足无措，进而失控。之前他们基本上没有出现过任何冲突和分歧，可是眼前这么一大堆现金让他们所有人立刻就变了样，开始为了如何分配这笔现金而你争我夺地争吵起来。说实话，那座钞票堆成的金山确实是一个祸根。

当时，我之所以要把这么多现金带到我家，也是心中的一丝游戏心理在作祟。连我都没见过这么一大笔现金，想必委托人们更是没有见过。我原本希望让大家来一起见证，共同分享这种喜悦。正是由于我的这种幼稚想法才导致了最终的大麻烦。之后我深刻反省，绝对不能把大笔现金放到人面前。

稻盛和夫：只要持之以恒，努力行善，伪善有朝一日也能成为真善

这确实是一件很难应对的事。前面我曾经说过，在物质富裕的现代社会里，即便不能让人们亲身体验到勤勉和辛劳的重要性，至少应该在理论上让大家对此有所了解。然而，不管在理论上如何进行教育，因为我们人类拥有肉体，就必然会具备与之相应的本能和感性。烦恼和欲望最终还是会对我们的心态产生影响。

这种时候，关键就在于我们的理性是否能够向我们提出警示，告诉我们哪些可为，哪些不可为。每当我们心中出现动摇，处于岌岌可危的状态时，使我们能够尽力控制住自己，不违规逾矩。我相信在这种反复拉锯、自我约束的过程中，我们的人性就能够得到不断的提升。

要想摆脱这种左右摇摆、不够坚定的自我约束，必须先

懂得“立身处世，何为正道”。作为人，我们毕竟不是圣人，会受到本能和感性的驱使。当看到一亿日元现金时，必然会对 300 万日元的报酬感到不满。在这种时候，如果我们的理性让我们认识到“这种想法是卑鄙的”，那么尽管有些动摇，但最终还是能够实现自控的。

当然，这种说法可能被人说成是“伪善”。可是伪善也没有什么不好，不管是伪善还是谎言，至少还能做到口言善。连伪善都不愿意去做的人才是最糟糕不过的了。

对此，我们只要试着伪善一次，便能够心知肚明。比如，当我们做了伪善的事情之后，往往能够得到他人正面的评价。如此一来，我们下一次再做坏事时就会有所收敛。就算是十恶不赦之徒，一朝做了点伪善之事，并因此获得他人的称赞，便会从此开始做更多的伪善之事。当伪善成为一种习惯后，便会朝着真善的方向演进。

这个世界充满了各种诱惑，对于出家人也是一样，出家人就必须“持戒”，也就是时时刻刻都需要遵守佛祖释迦牟尼的教诲。人类原本就是各种烦恼的集合体，为了从烦恼中彻底解脱，佛祖释迦牟尼便制定了各种戒律，要求大家遵守。守戒本来就是出家人的职责和工作，他们必须经历各种严格的修行。然而，即便是那些经历了各种严格修行的出家人，有的时候仍然会有人因经受不住各种诱惑进而破戒。

每当这种时候，就如中坊先生刚才所言，关键就在于我们能够在怎样的程度上及时醒悟并进行反省。我们本来不应被各种诱惑所打败，由于人性的弱点，有时仍然会输掉这场战斗。然而，在败给诱惑之后，我们是否能够认识到自身错误，并切实进行反省，则会给我们的人生带来巨大的不同。

人生就像趟过一片充满诱惑的地雷阵，当我们穿行其间，多多少少会触及各种“地雷”，这是一件难以避免的事情。每当我们“触雷”时，能够进行怎样的反省才是关键所在。我们应该做的不是想方设法不踩到“地雷”，而是在踩到“地雷”后立刻做出反省，不再犯同样的错误。人生最重要的就是永远保持这种日复一日不断反省的态度。

跋

摆脱“统治客体意识”

中坊公平

一切混沌的原点

毋庸置疑，自泡沫经济破灭后的十年期间，日本在政治、经济、社会等领域出现了前所未有的闭塞和混乱。所有领域都爆发出要求改革的呼声。

现在，不管政治改革、结构改革，还是我本人所属的司法界的司法制度改革都引发了广泛的讨论。然而，细究当前日本社会所呈现出的各类危机，其原因都存在于更深层次中。我认为，要想找出当前日本社会所有混乱的根源，就必须回溯到人们的心灵和意识上。

换而言之，我们必须从日本国民的“统治客体意识”中寻找答案。日本是基于国家宪法的“国民主权”国家，这也是全人类共通的真理。也就是说，“国民主权”是日本宪法核心中的核心。然而，日本国民迄今为止并没有形成“自己是主权者”的“统治主体意识”。这种主体意识的欠缺才是造成各种问题的原因所在。

按照司法界通常的说法，就是“法律没有充分融入到整个社会中”。在日本，法律只是上层统治者的命令，而非普通国民的工具。国民也缺乏主动利用法律的意识。

一直以来我都把这个问题归结为“日本司法是打了二折的司法”。也就是说，日本的司法只发挥了20%的作用。而剩下的80%大致可以分为四个部分。

第一部分，也是最大的一部分，就是“忍气吞声”。其中既有有意识地忍气吞声，也有很多无意识地忍气吞声。比如，很多日本国民都觉得公共服务费用很高，并就此起诉政府，要求政府降低公共服务费用，日本最高法院的判决却说国民作为使用者，没有资格提出这种诉讼。也就是说，表面上“法律是为了维护使用者的利益”，但事实并非如此。

第二部分，则是通过政治斡旋的方式解决问题。一个典型的例子就是我曾经参与解决的“住专问题”。一言蔽之，“住专问题”就是国会议员中的金融利益集团与农林利益集团之间的政治力量角逐。由于议会中的农林利益集团势力更为强大，最后完全是依照农林利益集团的意愿做出决策，导致不良债权不断膨胀，问题变得积重难返，无法解决，最后竟然动用了日本国民6850亿日元的税金，注入住专相关的七家金融公司。这种政治斡旋之所以应遭到批判，是因它没有任何法规可循，完全是拳头大的一方说了算。而这也是当前日本国会的真实写照。

第三部分，便是在解决各种纷争时，经常使用“暴力”手段。巧取豪夺也可以算得上暴力的一种。

第四部分，就是打着“行政指导”的幌子向有关对象施以巨大压力。很多本应拿到司法部门进行审理的案件，结果却由政府部门接手处理。上述这种“二折司法”的社会结构，使得日本国民沉浸于“统治客体意识”之中，导致原本作为宪法核心的国民主权意识无法生根发芽。日本社会当前一切混乱的根源就在于此。

作为一个对此现象拥有批判意识的人，我与稻盛先生进行的这场对话充满了刺激。正如稻盛先生在《稻盛和夫的哲学》（PHP研究所出版社）一书中阐述的，他是一位毕生都在探寻人的本质的经营者。用我常说的话讲，他是一位“安于大道”的经营者。本书把焦点对准与人的心灵相关的各类问题，围绕着“伦理”、“道德”、“公理”、“知足”等遭到现代人疏远和摈弃的话题展开了充分的探讨。

一灯照隅，万灯照国

在我与稻盛先生的这场对话结束之后，先后爆发了以琦玉县警为首的警界丑闻以及青森县住宅供给公社原会计部门负责人冒领14亿日元公款事件、原札幌国税局长主导的2.5亿万日元漏税事件、雪印食品公司的牛肉产地伪造事件等一系列震惊世界的丑闻。这一系列事件的共同点就是，当事者全都缺乏一个人所应具备的区分善恶的能力。

这个共同点并不仅限于这些事件，与我们每一个人的本质都有着密切关系。与我一样从事律师职业的人，还包括其他如医生、会计师、税务师等需要专业知识的职业人士，在工作一段时间后往往会将连小孩子都知道的社会常理抛到脑后。这个世界的价值判断标准已经被严重扭曲，本应去追缉漏税者的原札幌国税局长却涉足漏税，这就是一个典型的例子。

再比如，任何企业都不应该欺骗消费者这样一个不言而喻的道理，却由于雪印食品公司将眼前利益视为最高追求，而遭到悍然践踏。这也说明当我们将自己自闭在狭小世界里进行思考时，便会丧失对于正义的正确认识。

因此，我们必须深刻认识到，如果人长期封闭于相同环境中，就有可能产生麻痹，并最终失去常识性判断能力。如果有谁认为现在只是特定的人群丧失了道德观念，就是大错特错了。对于那些仅是看看电视和报纸，对所有丑闻都如同看客一样会在一边表示愤慨，进行批判的日本国民，我把这种行为称作“看客民主主义”。他们永远都只站在看客的立场上，袖手旁观社会的各种问题。这是一件绝对不能容忍的事情，我们每一个人必须时时警告自己，造成当前社会丑闻的原因就深藏于我们内心之中。

如果不这样做，日本人永远无法从“统治客体意识”中挣脱出来。我们必须强化当事者意识，认识到自己不是看客，而是必须进场搏斗的角斗士。

我在前面列举的一系列事件的另一个共同点就是，所有当事人都以为自己的做法是“天衣无缝”。以前札幌国税局长漏税案为例，他以为按内部传统来说，手下税务员绝对不会调查他这个局长，所以才胆大妄为，触犯法律。雪印食品公司也是一样，以为只要向关联企业施加足够的压力，产地伪造的行径就绝对不会暴露。对于这个问题，我们首先应该追究的不是道德理念的缺失，而是容忍了这种行为的社会的责任。毫无疑问，这也是导致“看客民主主义”的一个因素。

如何才能让“统治客体意识”转化为“统治主体意识”，让“看客民主主义”变为“主角民主主义”呢？答案就是“一灯照隅，万灯照国”。一个人不管怎样努力，最多也只能照亮身边狭小的范围，但是，如果我们齐心协力，为他人尽自身所能，那么千万盏灯的光明必定能够照亮天下。也就是说，只有每一个国民都树立参与意识并挺身而出，日本才能从现在这种混乱和闭塞的状态中挣脱出来。

我们完全可以从力所能及的地方开始承担的义务。或许很多人不知道什么才是自己力所能及的应尽义务，那么，就先从那些能担负起的义务开始做起，在这个过程中，我们自然就能够明白其真正的含义。这是卡莱尔（Thomas Carlyle，1795－1881，英国文学家和思想家。——译者注）的观点，或许也是对当前日本民众的金玉良言。从身边开始尽到自己的义务，然后不断累积扩大。作为一名从事司法工作的人，我虽力量有限，但是仍愿意为作为日本宪法核心的国民主权意识在日本社会生根发芽尽一份绵薄之力。

《对话稻盛和夫㊀：人的本质》

2012年9月出版

资本主义社会的混乱如何收场？
灵魂从何而来又将去往何处？
何谓充满希望的未来社会？

《对话稻盛和夫㊁：德与正义》

2013年3月出版

生活在一个被界限笼罩的时代，
所以我们会遇到各种各样的束手无策。
正因如此，
我们应该时刻提醒自己“回归原点”。

《对话稻盛和夫㊂：向哲学回归》

2013年3月出版

在道德和伦理缺失的社会，
如何才能够不被眼前的成功和欲望所俘虏，
选择一条正确的人生道路，
获得真正的幸福？

《对话稻盛和夫㊃：话说新哲学》

2013年4月出版

哲学缺失，道德蒙尘。
稻盛和夫对话哲学大师梅原猛。
别让我们成为自身欲望的奴隶！

即将出版，敬请关注

对话
稻盛和夫㊄
领导者的资质

对话
稻盛和夫㊅
利他

《对话稻盛和夫㊄：领导者的资质》

2013年4月出版

《对话稻盛和夫㊅：利他》

2013年6月出版